人工知能は人間を超えるか

ディープラーニングの先にあるもの

松尾 豊 Yutaka Matsuo

角川EPUB選書

はじめに　人工知能の春

「人工知能（Artificial Intelligence：略してＡＩ）」という言葉が、いろいろなところで聞かれる。ほんの10年前とは大きな違いである。

私が大学院の学生だった１９９７年から２００２年ごろには、人工知能の研究をしていると言うと、怪訝《けげん》な顔をされることが多かった。「なぜ人工知能は実現できないんですか？」とまわりの研究者に聞いても苦笑されたものだ。なぜなら「人工知能」という言葉自体が、あるいは「人工知能ができる」と主張すること自体が、ある種のタブーとなっていたからだ。

いまでも印象に残っている出来事がある。私が大学院を修了し、新米の研究者として初めて挑んだ研究費の審査のことだ。若手の研究者にとって、年間数百万円の研究費をもらえるかどうかは、研究者としてやっていけるかどうかの明暗を分ける死活問題である。私は一生懸命に考え、提案書を書いた。

２００２年当時、いちはやくインターネット上にある情報の研究に取り組んでいた私は、大量のウェブページを分析することで、言葉（キーワード）の関連性を表すようなネットワークを大規模に取り出すことができる技術を持っていた。それを使えば、一見すると関係がないような言葉でも、関連性を認識し、適切な広告を打てるはずだ。ネットの広告技術の研究なんて、まだ誰もやっていなかったので、私は自分の提案に自信を持っていた。

書類審査を無事通過した私は、意気揚々《ようよう》と面接に臨んだ。面接の会場では、他の分野の大御所の先生が何人も座っており、その前でひとりプレゼンテーションをした。研究内容について根ほり葉ほり質問を受けた後、先生方から言われた言葉に、私は衝撃を受けた。

「広告なんてくだらないものをやるな」

「言葉のネットワークが簡単にできますなどと言うな」

そして、最後に浴びせかけられた言葉が極めつけにひどかった。

「あなたたち人工知能研究者は、いつもそうやって嘘をつくんだ」

案の定、その提案は落選した。いま考えてみても、検索エンジンと広告モデルが当たり前になったいまの時代を先取りする研究であり、悪い提案ではなかったはずだが、当時はひどいめにあった。学生時代、人工知能の研究者に育てられた自分にとっては、初めて世間の冷たい風をまともに受けた瞬間だった。

「ない知能という言葉を使ってはいけないんだ」

「人工知能というだけで、敵愾《てきがい》心を燃やす人がたくさんいるんだ」

そのとき受けた衝撃は、私が最初に臨んだ研究費の面接の苦い思い出として、いまでも痛烈に心に刻み込まれている。

だが、時代は変わった。

いま、世の中は、人工知能ブームに差しかかっている。ネットのニュースにも、新聞や雑誌、テレビにも、人工知能という言葉が踊っている。「人工知能を研究していますと」と堂々と言える。「これからは人工知能の時代ですね」といろいろな人から言われる。われわれ人工知能研究者にとってはうれしい春の到来だ。種が芽を出し、葉を茂らせ、花を咲かせ始めている。だが、それは同時に、憂鬱《ゆううつ》の種でもある。暗くて長い冬の時代も思い起こさせるからだ。

実は、人工知能には、これまで2回のブームがあった。1956年から1960年代が第1次ブーム。1980年代が第2次ブーム。私が学生だったのは、ちょうど第2次ブームが去った後だった。

過去の2度のブームでは、人工知能研究者は、人工知能の可能性を喧伝《けんでん》した。いや、喧伝する意図はなかったのかもしれないが、世の中がそれを煽《あお》り、そのブームに研究者たちも乗った。多くの企業が人工知能研究に殺到し、多額の国家予算が投下された。

パターンはいつも同じだ。「人工知能はもうすぐできる」、その言葉にみんな踊った。しかし、思ったほど技術は進展しなかった。思い描いていた未来は実現しなかった。人工知能はあちこちで壁にぶち当たり、行き詰まり、停滞した。そうこうするうち、人は去り、予算も削られ、「人工知能なんてできないじゃないか」と世間はそっぽを向いてしまう。期待が大きかった分だけ失望も大きかった。

楽しい時間の後には冷たい現実が待っていた。人工知能研究者にとっては大変につらく長い冬の時代がやってきた。

2度の冬の時代、人工知能という言葉を発することさえ憚《はばか》られるような雰囲気の中、「いつか人工知能をつくりたい」「知能の謎を解明したい」という研究者の思いが人工知能研究を支えていた。多くの研究者が現実的なテーマにシフトし、本当の知的好奇心をひた隠しにして、表向きは人工知能という看板を下ろして研究を続けた。

いま、三たびめぐってきた人工知能の春の訪れに当たり、同じ過ちを繰り返してはいけないと強く思う。ブームは危険だ。実力を超えた期待には、いかなるときも慎重であらねばならない。世間が技術の可能性と限界を理解せず、ただやみくもに賞賛することはとても怖い。

これまで冬の時代を耐えてきた研究者の地道な努力があるから、いまがある。だからこそ私は、読者のみなさんに、人工知能の現在の実力、現在の状況、そしてその可能性をできるだけ正しく理解してほしいと思う。それが本書の大きな目的だ。

この本で言いたいことを本当に理解してもらおうと思うと、最後まで読み進めてもらわないといけない。ポイントは、50年ぶりに訪れたブレークスルーをもたらすかもしれない新技術「ディープラーニング」の意義をどうとらえるかにかかっている。ただ、あらかじめざっくり言っておくと、いまの人工知能を正しく理解するというのは、こういうことだ。

1．うまくいけば、人工知能は急速に進展する。なぜなら「ディープラーニング」、あるいは「特徴表現学習(注1)」という領域が開拓されたからだ。これは、人工知能の「大きな飛躍の可能性」を示すものだ。もしかすると、数年から十数年のうちに、人工知能技術が世の中の多くの場所で使われ、大きな経済的インパクトをもたらすかもしれない。つまり、宝くじでいうと、大当たりしたら5億円が手に入るかもしれない、ということだ。

2．一方、冷静に見たときに、人工知能にできることは現状ではまだ限られている。基本的には、決められた処理を決められたように行うことしかできず、「学習」と呼ばれる技術も、決められた範囲内で適切な値を見つけ出すだけだ。例外に弱く、汎用性や柔軟性がない。ただし、「掃除をする」とか「将棋をする」といった、すごく限定された領域では、人間を上回ることもある（だが、足し算や引き算でとうの昔に人間が電卓に敵《かな》わなくなったのといったい何が違うというのだろうか！）。人工知能が人間を支配するなどという話は笑い話にすぎない。要するにこれは、宝くじでいうと、いま手元にある10枚のくじで平均的に受け取れる金額――現状の期待値――は３００円にすぎない、ということだ。

つまり、上限値と期待値とを分けて理解してほしいのである。宝くじを買っただけで、1等が当たる気になってしまうのは、人間であればしかたない。でも、1等が当たることは、実際にはめったにない。

人工知能は、急速に発展するかもしれないが、そうならないかもしれない。少なくとも、いまの人工知能は、実力より期待感のほうがはるかに大きくなっている。

読者のみなさんには、それを正しく理解してもらいたい。その上で、人工知能の未来に賭けてほしいのだ。人工知能技術の発展を応援してほしい。現在の人工知能は、この「大きな飛躍の可能性」に賭けてもいいような段階だ。買う価値のある宝くじだと思う。

その理由を、本書では順を追って説明しよう。人工知能について、できるだけ多くの人にわかってもらえるよう、基礎的なことから書いたつもりである。

なぜ2回の冬の時代があったのか。なぜ3回目の春には希望が持てるのか。

これは人類にとっての希望なのか、あるいは大いなる危機なのか。

本書を読めば、自ずから答えは明らかになるはずだ。

2015年2月

松尾　豊

（注1）　本書では、表現学習ではなく「特徴表現学習」という言葉を使う。理由は後述する。

人工知能は人間を超えるか——ディープラーニングの先にあるもの　目次

序章　広がる人工知能——人工知能は人類を滅ぼすか

第1章 人工知能とは何か――専門家と世間の認識のズレ

第2章 「推論」と「探索」の時代――第1次AIブーム

第3章　「知識」を入れると賢くなる――第2次AIブーム

第4章 「機械学習」の静かな広がり――第3次AIブーム①

第5章 静寂を破る「ディープラーニング」――第3次AIブーム②

第6章 人工知能は人間を超えるか——ディープラーニングの先にあるもの

終章　変わりゆく世界――産業・社会への影響と戦略

編集協力　田中幸宏

序　章

広がる人工知能
——人工知能は人類を滅ぼすか

人間を超え始めた人工知能

人工知能の周辺がにわかに騒がしくなってきた。

人工知能が近い将来、人間の能力を超えるのではないか、人間の仕事は機械に奪われてしまうのではないか、というのである。

「人間 vs 人工知能」の戦いはすでにあちこちで繰り広げられている。

将棋の世界では、プロ棋士が人工知能と戦っている。そして、元名人をすでに破っているのだ。元名人で永世棋聖の故米長邦雄氏が、コンピュータ将棋のプログラム「ボンクラーズ」に敗れたのが２０１２年である。その後、「将棋電王戦」と呼ばれるプロ棋士とコンピュータの戦いが毎年行われている。２０１３年には、プロ棋士５人と人工知能が戦い、プロ棋士が１勝３敗１分けで負け越した。２０１４年にはさらに対戦成績が悪化し、１勝４敗と、プロ棋士は１勝しかできなかった。人工知能がますます強くなっており、コンピュータの能力を少し制限したほうがいいのではという議論すら起こってきている。

クイズで人間に勝つ人工知能も現れた。2011年、IBMが開発した人工知能「ワトソン」は、アメリカの有名なクイズ番組で、人間のチャンピオンを破って優勝し、賞金100万ドルを獲得した。たとえば「米国が外交関係を持たない世界の4カ国のうち、この国は最も北にある」という問いの答えを、早押しで解答する。正解は「北朝鮮」である。

クイズ番組で優勝したワトソンの技術は、今後、医療分野にも応用されるという。蓄積された膨大なデータから、患者の治療方針を的確に示す。がん治療のケースでは、専門の医学誌42誌のデータや、臨床医療データが取り込まれ、60万件に及ぶ医学的根拠や150万人分の治療カルテが判断のもとになる。長年、がんを専門に治療してきたベテランの名医よりも、経験の豊かな医師になりうるのかもしれない。

ワトソンは料理の世界にも進出している。大量のデータをもとに新しいレシピを自動的に考える「シェフ・ワトソン」である。2014年の暮れには、「シェフ・ワトソン」の考案したレシピを一流のフレンチシェフが調理して振る舞う試食会が日本で開催された。

さらに、三井住友銀行とみずほ銀行は2014年11月、コールセンターへの問い合わせにワトソンを利用すると発表した。問い合わせをしてきた利用者とオペレーターとの会話をシステムが聞き取り、ワトソンが適切な回答を見つけるというもので、1回当たりの対応時間が大幅に削減される見込みだという。

日本では、「ロボットは東大に入れるか」というプロジェクトが2011年にスタートした。センター試験の問題を解く人工知能を開発するというものである。この人工知能「東ロボくん」は年々偏差値が上がっており、2014年に受験した「全国センター模試」では、全国581の私立大学の8割に当たる472大学で合格可能性が80%以上という「A判定」だった。なんと、すでに全国の大多数の私立大学に入れるくらいの点数を、人工知能がとることができるのだ。

自動車も変わる、ロボットも変わる

自動車を自動で操縦する自動運転技術も衝撃的である。

グーグルが開発中の自動運転車は、市販車にシステムを積んだ車でこれまでにカリフォルニアなどの道路を100万マイル（161万キロ）走らせ、2015年には独自設計の試作車で公道テストも開始するという。その間、起こした事故はわずかに2回。自動運転ではなく人間が運転していたときの事故と、赤信号で停車中に後続車に追突された事故だけだ。人工知能が運転することで、人間よりも安全に運転することができる。

自動運転ができるようになれば、障害者や高齢者にも移動手段を提供できる。バスを待たなくても、誰かに運転してもらわなくてもいいのだ。駐車場の問題も解消される。グーグル創業者のセルゲイ・ブリン氏によれば、現在、市街地の30～50%が駐車場として使われているが、人々が自動車を持つことをやめ、必要なときに自動運転の車を利用するようになれば、駐車場はずっと少なくて済むし、また、交通渋滞も解消される。

自動車だけでなく、飛行機やヘリコプターも人工知能が操縦するかもしれない。アマゾンは、ドローン（小型無人飛行機）での配送サービス、アマゾン・プライム・エアーを発表した。早ければ２０１５年にもスタートする。目標は、顧客が注文した商品を30分以内に届けることである。こうしたドローンに人工知能を組み込む技術も、急速に進歩している。

日本ではソフトバンクが、２０１４年に「Ｐｅｐｐｅｒ《ペッパー》」という人工知能搭載のロボットを発表した。フランスのアルデバラン・ロボティクス社との共同開発である。感情エンジンという人工知能が搭載され、人の感情を読み取ることができるため、悲しんでいるときに励ましてくれたり、うれしいときに一緒に喜んでくれたりするそうだ。２０

15年には約20万円の価格で発売されることになっている。

超高速処理の破壊力

インターネットは人工知能技術の宝庫である。

検索エンジンの中には、「機械学習」と呼ばれる人工知能の技術がふんだんに使われている。ユーザーがどういうキーワードを入れたときに、どういったページを求めているのか、それをウェブページの特徴とあわせて学習する。質の低いページを見分けたり、有害なコンテンツを見分けたりすることも機械学習の仕事である。検索エンジンにユーザーがキーワードを入れると、一瞬で目的のページが表示されるのはそのためだ。

Eメールのサービスには、迷惑メールのフィルタリング機能が搭載されている。これも典型的な人工知能、機械学習だ。どういったメールが迷惑メールなのかを学習し、自動的に分類していく。ニュースサービスでは、膨大な数のニュース記事を、あらかじめ学習した分け方に従って、人工知能が瞬時に分類していく。

ネット広告の分野でも、人工知能技術が使われている。最新の広告技術（アドテクノロジー）を使うと、コンピュータが、ウェブ上のページのどの枠（場所）にどのような広告を載せれば、最もユーザーがクリックしてくれる確率が高いかを瞬時に計算し、最適な広告を枠に埋め込む。

リアルタイムビッディングと呼ばれる世界では、「枠」のオークションが行われ、複数の広告主の広告が入札され、その中で落札した広告が表示される。これがなんと、1秒の1000分の1の「ミリ秒」単位で、ユーザーが気づかないほどの短時間に行われている。そして、「このオークションに参加すべきかどうか」「この枠にいくら払っていいか」を決めるのは、人工知能の役割だ。

金融市場では、コンピュータによる取引が人間による取引を上回って久しい。すでに90%を超える取引をコンピュータが行っているという報告もある。高頻度取引（ハイ・フリークエンシー・トレーディング、HFT）というトレード方法では、わずかな価格のゆがみを一瞬でとらえ、コンピュータが自動で売買を行う。たとえば、同じ会社の株に、米国市場と英国市場で一瞬でもズレが生じたら、安いほうを買い、高いほうを売ることで確実に儲かる。

こうした高速トレードの世界は、1ミリ秒の1000分の1の「マイクロ秒」をすでに超え、そのまた1000分の1の「ナノ秒」の戦いになっている。そして、売買の判断を高速に行うのは、人工知能の仕事だ。もはや、高速トレードで人間がコンピュータに勝つことは絶対に不可能だ。

法律の分野でも、人工知能の高速処理は威力を発揮する。日本でビッグデータ解析などを手がけるUBICは、訴訟時のドキュメントレビュー（証拠閲覧）支援に人工知能を用いている。関連するメールやビジネス文書をすべて調査し、証拠として提出するのだが、証拠発見に機械学習を利用することで、最終的に人間が確認しなければならないデータ量を圧倒的に減らすことに成功している。大量の文書を読んで証拠を見つけるというパラリーガル（弁護士秘書）の役目を、人間にはとてもできない高速なスピードで、人工知能がやっているのだ。

人工知能はSF作家になれるか

人工知能のすごさは高速性だけではない。一見すると人間にしかできないように見える領域まで進出しようとしている。

作家・星新一のショートショートを人工知能に作成させようというプロジェクト「きまぐれ人工知能プロジェクト 作家ですのよ」は、星新一が残した1000本ほどの短編のデータをもとに、人工知能に文章を書かせようというものだ。コンピュータは天才的なひらめきで流れるように文章を生み出すのは苦手だが、有望な組み合わせを大量につくり、トライ&エラーで結果のレベルを上げていく作業は得意中の得意だ。膨大な小説のデータを解析して確認し、作品のレベルを上げていけば、やがて星新一のような作品を自動的につくり出せるかもしれない。

人工知能にとっては、小説を書くよりも、ニュースの執筆のほうが簡単だ。米国AP通信は、企業の決算報告の記事を書かせる人工知能を2014年に導入した。各企業の売上高や営業利益などの重要な数字の情報があれば、一般的な新聞雑誌の体裁で150~300字の記事を即座に、自動的に生成できる。人間の記者が書いていたときは、四半期当たり300本の記事を配信していたが、人工知能によって、同じ期間で4400本もの記事を配信できるようになるという。

われわれの身近なところにも、人工知能が押し寄せている。

ロボット掃除機の「ルンバ」は自動で部屋の形状を読み取り、留守中に「賢く」お掃除してくれる。光センサーで洗剤の種類や衣類の汚れを見分けて、水分量を自動で調節してくれる洗濯機も登場した。いまや「スマート家電」に人工知能は欠かせない。

ｉＰｈｏｎｅに搭載されたＳｉｒｉ《シリ》という音声対話システムを使ったことがある人は多いかもしれない。これも有名な人工知能の一例である。音声で会話をすることができ、たとえば「愛している」と話しかけると、「どのアップル製品にもそう言っているんでしょう」などと、気の利いた返答を返す。会話の中で、天気予報や株式情報、メールの情報などについても答えてくれる。

人工知能を使ったアプリもたくさん出ている。お勧めのファッションをチェックしたり、ニュースやスケジュール、転職などのパーソナライズされた情報を届けたりするなど、さまざまだ。あなたの普段の行動履歴から好みを読み取って、人工知能が最適な情報を提供してくれるのだ。

人工知能への研究投資も世界中で加速

人工知能の技術開発のための研究に対する投資も活発である。

２０１３年、グーグルは、人工知能研究でいま話題の新技術「ディープラーニング」の第一人者であるトロント大学教授、ジェフリー・ヒントン氏が立ち上げたベンチャー、ＤＮＮリサーチ社を買収した。いわゆるアクハイヤーと呼ばれる人材獲得のための企業買収手法であり、ヒントン氏とその学生たちを獲得することが狙いである。

グーグルはさらに翌年、イギリスのディープ・マインド・テクノロジーズ社を買収した。社員がたかだか数十人の会社に、フェイスブックと競り合った末、4億ドル（当時のレートで約420億円）の値がついて世間を驚かせた。事業としての価値や、顧客がついているという価値を見ているのではなく、単純に、そこの会社にいる人材の潜在的な値段としてそれだけの金額を払っているわけで、いかに技術の可能性を感じているかがわかる。

世界最大のSNSであるフェイスブックも負けていない。2013年、ニューヨーク大学教授のヤン・ルカン氏を所長に招いて人工知能研究所を設立した。研究所はニューヨーク、ロンドン、カリフォルニア州メンロパークの世界3カ所に置かれる。ルカン氏によると、この種の研究施設としては世界最大という。

中国最大の検索エンジンを提供する会社バイドゥ（百度）は、2014年に人工知能を研究する「インスティチュート・オブ・ディープラーニング」（ディープラーニング研究所）を立ち上げた。3億ドル（約300億円）の資金を投じ、200名を雇用するという。機械学習の研究で世界的に有名なスタンフォード大学准教授のアンドリュー・エン氏を所長に迎え、ディープラーニング技術で世界のトップに躍り出るべく、いよいよ本格稼働し始める。

ＩＢＭは「ワトソン」の本格的な事業化に向けて、10億ドル（約１０５０億円）を投資する。ワトソンの用途開発に特化した２０００人規模の事業部門（ワトソングループ）を新たに設立し、ワトソンの普及を目指す。また、総額1億ドルの投資ファンドを設立し、ワトソンを活用したアプリケーションソフトを開発するベンチャーなどに投資するという。（注２）

日本では、ドワンゴが２０１４年、ドワンゴ人工知能研究所を新しく設立した。所長の山川宏氏は、人工知能の国内の研究者が集う「梁山泊《りょうざんぱく》」とすることを狙っている。ドワンゴ会長の川上量生氏によると、人工知能でできることとできないことを見極めるのが目的という。

また、ビッグデータ関連の開発を行うプリファードインフラストラクチャー（ＰＦＩ）は２０１４年、最新の機械学習技術のビジネス活用を目的としたプリファードネットワークスを設立し、ＮＴＴが2億円を出資した。性別や服装などの情報を歩行者の映像から抽出することができる技術をすでに開発している。

職を失う人間

こうした進化によって、人工知能は人間の仕事を次々と奪い取っていくのではないかと心配する声が日増しに強くなっている。いつの日か、人工知能が大量の失業を生み出すかもしれない。

2014年、英国デロイト社は、英国の仕事のうち35%が、今後20年間でロボットに置き換えられる可能性があるという報告を発表した。(注3)年収3万ポンド(約550万円)未満の人は、年収10万ポンド(1800万円)以上の人と比べて、機械に仕事を奪われる確率が5倍以上高いという。

さらに、オックスフォード大学の研究報告では、今後10~20年ほどで、IT化の影響によって米国の702の職業のうち、約半分が失われる可能性があると述べている。米国の総雇用のなんと47%が、職を失うリスクの高いカテゴリに該当する。(注4)

書類作成や計算など、定型的な業務はすでに機械に置き換わりつつある。『機械との競争』を書いたアンドリュー・マカフィー氏によると、米国では、会計士や税理士などの需要がこの数年で約8万人も減っているという。(注5)

人工知能の進化は、映画でもたびたび取り上げられてきた。

2014年に公開された映画『トランセンデンス』では、人工知能とナノテク、遺伝子工学の未来が描かれている。人間の意識をコンピュータに「アップロード」することで、人工知能としてよみがえった主人公は、軍事機密から金融、経済、はては個人情報に至るまで、ありとあらゆる情報を取り込み、驚異の進化を始める。やがてそれは誰も予想しなかった影響を世界に及ぼし始めるというストーリーである。

同じく2014年に公開された映画『her/世界でひとつの彼女』は、人工知能に恋する男性が主人公だ。リアルな女性ではなく、人格を持った人工知能型のOSに心を惹《ひ》かれてしまうのだ。印象的なのは、コンピュータの「彼女」が浮気する場面。なんと、彼女は同時に8000人以上と会話し、600人以上と恋愛関係にあると告白する。

2015年3月には、「人工知能の父」と呼ばれるアラン・チューリング氏の数奇な生涯を描いた映画『イミテーションゲーム/エニグマと天才数学者の秘密』が公開。こちらは実話をもとにした人工知能の創世記の物語である。

人工知能が登場する映画で何といっても有名なのは、いまから約50年前、1968年に公開されたスタンリー・キューブリック監督の映画『2001年宇宙の旅』だ。「HAL《ハル》9000」という人工知能が意思を持ち、それを察知して機能を停止させようとした乗務員を殺害していく。映像のクオリティやその哲学的テーマ、科学的で深い考察によって、きわめて高い評価を得ている不朽の名作である。

映画『ターミネーター』は、2029年の近未来に人工知能「スカイネット」が反乱を起こし、人類が機械軍により絶滅の危機を迎えるところから話が始まる。殺人ロボット「ターミネーター」と主人公の戦いが手に汗を握る。映画はシリーズ化され、『ターミネーター4』まで出ており、観たことのある人も多いのではないだろうか。このターミネーターの新作は2015年7月に全米で公開される予定である。

映画の世界で描かれてきた「人間vs人工知能」の戦いが、いよいよ本格的に始まろうとしているのだろうか。

人類にとっての危機が到来する

人類にとっての人工知能の脅威は、シンギュラリティ（技術的特異点）という概念でよく語られる。人工知能が十分に賢くなって、自分自身よりも賢い人工知能をつくれるようになった瞬間、無限に知能の高い存在が出現するというものである。

人工知能が自分より賢い人工知能をつくり、その人工知能がさらに賢い人工知能をつくる。これをものすごいスピードで無限に繰り返せば、人工知能は爆発的に進化する。だから、人工知能が自分より賢い人工知能をつくり始めた瞬間こそ、すべてが変わる「特異点」なのである。実業家のレイ・カーツワイル氏は、その技術的特異点が、なんと2045年という近未来であると主張している。

こうした人工知能がもたらすかもしれない脅威に、宇宙物理学で有名なスティーブン・ホーキング氏は、「完全な人工知能を開発できたら、それは人類の終焉《しゅうえん》を意味するかもしれない」と警鐘を鳴らしている。(注6)

電気自動車で有名なテスラモーターズのCEO、イーロン・マスク氏は「人工知能にはかなり慎重に取り組む必要がある。結果的に悪魔を呼び出していることになるからだ」と述べる。また、マイクロソフト創業者のビル・ゲイツ氏も、「私も人工知能に懸念を抱く側にいる一人だ」と、この脅威論に同調している。

こうした脅威に対し、人工知能技術で先端を行くグーグルは、ディープ・マインド・テクノロジーズ社を買収する際に、社内に人工知能に関する倫理委員会をつくった。また、日本でも、人工知能学会において、２０１４年に倫理委員会が設置された。人工知能の社会に対する影響を専門家が議論し、情報を発信するためである。

人工知能の進化は止まらない。人工知能はどこまで進化するのだろうか。人類に残された時間はもうそれほど長くないのだろうか。

この本の読み方

ここまで紹介してきたことが、最近、世間を賑わせている人工知能の話題や主要なニュースである。多くのメディアがこのような論調で人工知能の進化と脅威を報じており、読者のみなさんも、「人工知能はすごい」「どこまで進化するのか」と思う一方で、「人工知能は怖い」「人間はいらなくなるのでは」と感じたのではないだろうか。

ところが、人工知能の技術を正しく理解すると、事情はだいぶ違ってくる。

何が違うかというと、人工知能について報道されているニュースや出来事の中には、「本当にすごいこと」と「実はそんなにすごくないこと」が混ざっている。「すでに実現したこと」と「もうすぐ実現しそうなこと」と「実現しそうもないこと（夢物語）」もごっちゃになっている。さらには、人工知能の定義もさまざまなものが混ざっている。それが混乱のもとなのだ。

人工知能の研究には長い歴史がある。その時々で、最新の技術は違ってくる。画期的な新製品だと思ったら、中身は「とっくの昔に実現した技術の焼き直し」かもしれない。どれが最先端の技術で、どれが昔からある技術なのか。本書を読めば、それを見極める「勘どころ」をつかむことができるはずだ。

本書の第1章のテーマは「人工知能とは何か」。専門家と一般のみなさんの間にある認識のズレを明らかにする。

第2章から第4章では、人工知能の歴史をできるだけわかりやすく説明した。第2章では将棋やチェスの話題に触れ、第3章ではワトソンなど「知識」に支えられた人工知能について、第4章では検索エンジンなどで使われる機械学習について紹介する。時代を追って説明することで、それぞれの時代に何ができて何ができなかったのか、理解しやすくなるだろう。

この3つの章を読み切るのは、少し骨が折れるかもしれない。「お勉強」的なところもいくつか出てくる。でも、ここを押さえておくと、いまなぜ人工知能が盛り上がっているのか、その意味が理解できるはずだ。わかりにくいところは読み飛ばしてもかまわないから、雰囲気だけでもつかんでほしい。

そして第4章の後半から、いよいよ本書の核心部分に差しかかる。それまでの人工知能が乗り越えられなかった壁とは結局、何だったのか。それがいま、どう変わろうとしているのか。ここが本書のクライマックスのひとつである。

過去を振り返った後の第5章では、まさにいま起きている人工知能の本質的なブレークスルーを紹介する。ここまでくれば、何が「本当にすごい」のか、みなさんにもわかるはずだ。先に種明かしをしておくと、「グーグルがネコを認識する人工知能を開発した」という一見すると何でもないニュースが、実は、同じグーグルが開発している自動運転車のニュースよりも、ずっと「本当にすごい」ことだとわかってもらえれば、本書はその役割を果したことになる。

第6章は、近未来の話である。この先、どういった形で技術が進んでいくのかを解説した。近い将来、何ができそうなのか、何が難しいのかが明らかになる。たとえば、人工知能は感情を持つのか。人工知能は人類を襲うようになるのか。そして、人工知能学会がなぜ倫理委員会をつくらねばならなかったのか。

最後の終章では、読者のみなさんがこれから何をすべきかについて述べている。自分の仕事がどう変わるのか、自分が職を失う危険がどのくらいあるのか。あるいは、どこに新しい事業のチャンスがあるのか。そして、日本という国の復活に何が必要なのか。未来をより正しく予測し、正しく準備をしておくことは重要なことだ。みなさんのこれからの仕事や生活に少しでもプラスになることを祈っている。

人工知能の全体像を理解するのは少々「長旅」になるかもしれないが、ぜひ終わりまで付き合っていただきたい。

これから先、われわれの生活にさらに浸透してくる人工知能の全体像をいま、この時点でつかんでおけば、その知識はきっと、この先の5年、10年の羅針盤になるだろう。

そして、本書を最後まで読み終えるころには、あなたの「人工知能」に対するとらえ方が、より深く、より洗練されたものに変わっているはずだ。

では、その長い旅の手始めに、次の第1章では、「人工知能はまだできていない」という衝撃の事実からお伝えしよう。

（注2）ＩＢＭでは、ワトソンを人工知能ではなく、コグニティブ（認知）コンピューティングの一例であるとしている。

（注3）One-third of jobs in the UK at risk from automation, Deloitte, 2014.

（注4）Frey, Carl Benedikt, and Michael A. Osborne. "The future of employment: how susceptible are jobs to computerisation?." Sept 17 : 2013.

（注5）エリック・ブリニョルフソン、アンドリュー・マカフィー『機械との競争』（日経ＢＰ社、２０１３年）

（注6）２０１４年12月のＢＢＣインタビューより（http://www.bbc.com/news/technology-30290540）

第1章

人工知能とは何か
――専門家と世間の認識のズレ

まだできていない人工知能

序章で述べたように、世間を賑わせている人工知能だが、実は、人工知能は2015年現在、まだできていない。このことは、多くの人が誤解しているのではないだろうか。世の中に「人工知能を搭載した商品」や「人工知能を使ったシステム」は増えているので、人工知能ができていないなどと言うと、びっくりするかもしれない。しかし、本当の意味での人工知能——つまり、「人間のように考えるコンピュータ」はできていないのだ。

人間の知能の原理を解明し、それを工学的に実現するという人工知能は、まだどこにも存在しない。したがって、「人工知能を使った製品」や「人工知能技術を使ったサービス」というのは実は嘘なのだ。

嘘というのは少し言い過ぎかもしれない。人間の知的な活動の一面をまねしている技術は、「人工知能」と呼ばれるからだ。人工知能の歴史は、人間の知的な活動を一生懸命まねしようとしてきた歴史でもある。しかし、人間の持つ知能は深遠で、はるか手の届かないところにあり、いまだにその原理はわかっていないし、それをコンピュータでまねすることもできない。

これは、考えてみれば驚くべきことである。私はいつもこのことを考えるとワクワクしてしまう。

科学技術が進んで、宇宙物理学から素粒子論まで、われわれの住む世界の仕組みについては、かなりのところまでわかってきた。人類は、飛行機をつくったり、原子力発電所をつくったり、農作物を大量に生産したり、ありとあらゆることを地球上でやり尽くしている。ところが、そんなわれわれでも、自分たちの脳がどういう仕組みでできているか、わかってない。

われわれは、なぜ世界をこのように認識し、思考し、行動することができるのか。なぜ新しいことを次々と考え、学ぶことができるのか。その根本原理は何なのか。いまだによくわかっていないのだ。むしろ、われわれの認識によって初めて、この世界が存在しているのかもしれないのにもかかわらず、である（これを人間原理という(注7)）。

基本テーゼ：人工知能は「できないわけがない」

もともとの問いはとても単純だ。人間の知能は、コンピュータで実現できるのではないか。なぜなら、人間の脳は電気回路と同じだからだ。

人間の脳の中には多数の神経細胞があって、そこを電気信号が行き来している。脳の神経細胞の中にシナプスという部分があって、電圧が一定以上になれば、神経伝達物質が放出され、それが次の神経細胞に伝わると電気信号が伝わる。つまり、脳はどう見ても電気回路なのである。脳は電気回路を電気が行き交うことによって働く。そして学習をすると、この電気回路が少し変化する。

電気回路というのは、コンピュータに内蔵されているCPU（中央演算処理装置）に代表されるように、通常は何らかの計算を行うものである。パソコンのソフトも、ウェブサイトも、スマートフォンのアプリも、すべてプログラムでできていて、CPUを使って実行され、最終的に電気回路を流れる信号によって計算される。人間の脳の働きもこれとまったく同じである。

人間の思考が、もし何らかの「計算」なのだとしたら、それをコンピュータで実現できないわけがない。このことは特段、飛躍した論理ではなく、序章でも少し触れたアラン・チューリング氏という有名な科学者は、計算可能なことは、すべてコンピュータで実現できることを示した。「チューリングマシン」という概念である。すごく長いテープと、それに書き込む装置、読み出す装置さえあれば、すべてのプログラムは実行可能だというのである。

人間のすべての脳の活動、すなわち、思考・認識・記憶・感情は、すべてコンピュータで実現できる。たとえば、あなたがこの本を読んでいるという状態をコンピュータ上でつくることもできるし、人間のように「自我を持ち、まわりを認識して行動する」プログラムもつくれるかもしれない（自我を持つことがいいことかどうかはさておき）。そして、自分という存在とまったく同じものを――もちろん物理的な身体はないにせよ――コンピュータの中に実現することは原理的には可能である。実際、人工知能研究の大家であるマービン・ミンスキー氏をはじめとして、自分をコンピュータ上に再現することでデジタルの不老不死を手に入れたいと考える人たちもいる。

ところが、世の中の多くの人にとって、人間の思考をコンピュータのプログラムで実現するというのは、簡単には受け入れがたいようだ。

よくある反応は、「人間とはそんな単純なものではない、だって心や感情があるではないか」というものである。あるいは、「コンピュータはミスをしないが、人間は間違うではないか」「コンピュータには身体がないではないか」「コンピュータは、ほかのコンピュータを助けたりしないではないか」「コンピュータは、ほかのコンピュータに教えたりしないではないか」といった反論も聞こえてきそうだ。

だが、コンピュータにあえてミスを犯すように設定することもできるし、何らかの身体を持たせることも、感情や協調性を持たせることも可能である（それが本質的かどうかはさておき）。

人間の思考はプログラムで実現できるという考え方は、たしかに、何か神聖なものを冒している気にさせる。人間という尊いものが、ただの計算で置き換え可能だというのは、にわかには信じがたい。実際、著名な科学者の中にも、この考えを否定している人はたくさんいる。

たとえば、理論物理学者のスティーブン・ホーキング氏とともにブラックホールの研究をしたことで有名な、数学者のロジャー・ペンローズ氏はその著書『皇帝の新しい心』で、脳の中にある微細な管に量子現象（直感的には理解の難しい物理現象）が発生しており、それが意識につながっていると主張している。(注8) また、哲学者のヒューバート・ドレイファス氏は『コンピュータには何ができないか』という本で、人工知能の実現を否定し続けている。(注9)

高名な科学者ですら、そのような一見すると非合理的（というと失礼だが）な理論を持ち出して人間の特殊性を説明しようとするくらいだから、やはり人間（だけ）が特別な存在であるというのは、誰もがそう願いたいことなのだろう。

人間を特別視したい気持ちもわかるが、脳の機能や、その計算のアルゴリズムとの対応を一つひとつ冷静に考えていけば、「人間の知能は、原理的にはすべてコンピュータで実現できるはずだ」というのが、科学的には妥当な予想である。そして、人工知能はもともと、その実現を目指している分野なのである。

人工知能とは何か——専門家の整理

人工知能を研究する研究者は国内にたくさんいるが、その人たちは、人工知能についてどう考えているのだろうか。人工知能という研究分野は、一般に考えられているよりも、もう少し学術的な色合い、あるいは真理の追求の色合いが強い。

たとえば、公立はこだて未来大学学長の中島秀之氏は、人工知能を「人工的につくられた、知能を持つ実体。あるいはそれをつくろうとすることによって知能自体を研究する分野である」と定義している（公立はこだて未来大学は、「国内の人工知能のメッカ」ともいえる場所であり、中島氏も１９８０年代からの人工知能の研究に多大な貢献を残している）。また、人工知能学会の元会長で京都大学教授の西田豊明氏は、「『知能を持つメカ』ないしは『心を持つメカ』」と定義している。

私を含め、専門家13人による人工知能の定義を45ページの図1の表にまとめておいた。

このように、人工知能の定義は専門家の間でも定まっていない。

ちなみに、私の定義では、人工知能は「人工的につくられた人間のような知能」であり、人間のように知的であるとは「気づくことのできる」コンピュータ、つまり、データの中から特徴量を生成し現象をモデル化することのできるコンピュータという意味である。くわしくは第5章で説明する。

人工知能研究者の多くは、知能を「構成論的」に解明するために研究をしている。構成論的というとちょっと難しいが、「つくることによって理解する」という意味である。それに対応する言葉は、「分析的」である。

人工知能研究者が、知能を構成論的に理解したいと望んでいるのに対し、脳を研究する脳科学者は、分析的なアプローチで知能を解明しようとしている。(注10) たとえて言うなら、実際に事業を営む経営者は経営を構成論的なアプローチで理解している一方、経営学者は分析的に理解している。あるいは、実際にスポーツをしているアスリートはスポーツを構成論的に理解している一方、スポーツ評論家は分析的に理解している。要するに、構成論的アプローチとは、「つくってなんぼ」というアプローチなのだ。

「人間の知能を構成論的に理解する」という目的からすると、現在の研究レベルはまだ

図1　専門家による人工知能の定義

中島秀之 公立はこだて未来大学学長	人工的につくられた、知能を持つ実体。あるいはそれをつくろうとすることによって知能自体を研究する分野である
西田豊明 京都大学大学院 情報学研究科教授	「知能を持つメカ」ないしは「心を持つメカ」である
溝口理一郎 北陸先端科学技術 大学院大学教授	人工的につくった知的な振る舞いをするもの（システム）である
長尾　真 京都大学名誉教授 前国立国会図書館長	人間の頭脳活動を極限までシミュレートするシステムである
堀　浩一 東京大学大学院 工学系研究科教授	人工的につくる新しい知能の世界である
浅田　稔 大阪大学大学院 工学研究科教授	知能の定義が明確でないので、人工知能を明確に定義できない
松原　仁 公立はこだて未来大学教授	究極には人間と区別がつかない人工的な知能のこと
武田英明 国立情報学研究所教授	人工的につくられた、知能を持つ実体。あるいはそれをつくろうとすることによって知能自体を研究する分野である（中島氏と同じ）
池上高志 東京大学大学院 総合文化研究科教授	自然にわれわれがペットや人に接触するような、情動と冗談に満ちた相互作用を、物理法則に関係なく、あるいは逆らって、人工的につくり出せるシステムを、人工知能と定義する。分析的にわかりたいのではなく、会話したり付き合うことで談話的にわかりたいと思うようなシステム。それが人工知能だ
山口高平 慶應義塾大学理工学部 教授	人の知的な振る舞いを模倣・支援・超越するための構成的システム
栗原　聡 電気通信大学大学院情報 システム学研究科教授	工学的につくられる知能であるが、その知能のレベルは人を超えているものを想像している
山川　宏 ドワンゴ人工知能研究所 所長	計算機知能のうちで、人間が直接・間接に設計する場合を人工知能と呼んでよいのではないかと思う
松尾　豊 東京大学大学院 工学系研究科准教授	人工的につくられた人間のような知能、ないしはそれをつくる技術

出典：『人工知能学会誌』より

ゴールにはほど遠く、人間のように賢い知能をつくることはできない。

実は、人工知能ができたかどうかを判定する方法についても歴史的に議論がある。有名な「チューリングテスト」は、コンピュータと別の部屋にいる人間が画面とキーボードを通じて会話をし、その人が、相手がコンピュータだと見抜けなければ合格というものだ。チューリングテストの大会であるローブナー賞という催しも開催されている。私自身は、こうしたテストはあまり意味がないと思っているので、ここではくわしく述べないが、興味のある人はほかの書籍を参照していただきたい(注11)。

人工知能をつくるときに、よくたとえられるのが、飛行機の例である。人間は昔から空を飛びたいと思っていた。鳥のまねをするような「はばたく」飛行機を何度もつくろうとしたが失敗した。そして初めて成功したライト兄弟の飛行機は、エンジンを積んだ「はばたかない」飛行機であった。つまり、生物をまねしたいと思っても、必ずしも生物と同じようにやる必要はないのだ。

飛行機の場合は、鳥が飛ぶための「揚力」という概念を見つけ、揚力を得るための方法(エンジンで推進力を得て、翼でそれを揚力に変える)を工学的に模索すればよかった。人工知能においても、知能の原理を見つけ、それをコンピュータで実現すればよい。それが人工知能という領域のそもそもの出発点である。

図2　ロボット研究と人工知能研究

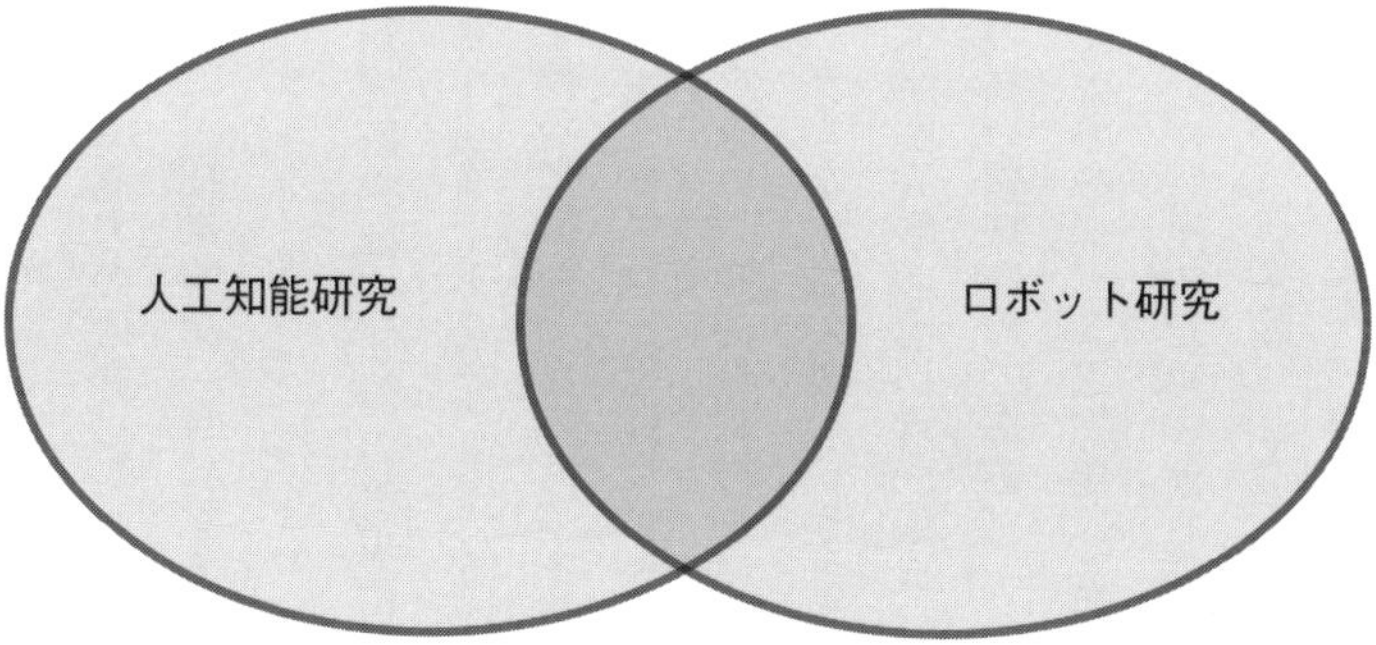

人工知能とロボットの違い

人工知能の研究とロボットの研究をほぼ同じものと思っている人は少なくない。私の研究室を訪ねてこられる人も、半分くらいは人工知能とロボットの区別がついていない。しかし、専門家の間ではこの2つは明確に異なる（注12）。単純に言えば、ロボットの脳に当たるのが人工知能である。

ロボット研究では、脳以外の部分を研究している研究者もたくさんいるので、ロボット研究者の全体ではなく、その一部が人工知能研究者である。そして、人工知能の研究対象は、ロボットの脳だけではない。

たとえば、将棋や囲碁のように抽象的なゲームの研究では、ロボットのような物理的な身体は必要ない。また、医師の診断や弁護士の助言のような、入力した情報をもとに判断をする能力の研究にも身体はいらない。人工知能研究は、「考える」ことを実現するために、抽象的な「目に見えないもの」を扱っている学問と理解してよいだろう。

人工知能研究は、知能の実現に向けた長い旅であって、ある意味で、「フロンティア」を指す言葉でもある。したがって、人工知能研究者は、長い間、知能を実現するという夢を持って研究しながら、それがずっと実現できない人たちなのだ。

悲しい現実をずっと背負ってきたせいか、人工知能研究者は、明るく、楽観的で、権威や形式を嫌い、知的な刺激を愛する。人工知能学会という学者のコミュニティは、日本一リベラルな学会ではないかと思うほどである。人工知能学会の元会長で北陸先端科学技術大学院大学の溝口理一郎氏は「永遠の青年学会」と呼んだが、それほどフロンティア性の高い領域なのである。

長い歴史の中で、人工知能はこれまで紆余曲折を経てきた。人工知能自体はまだ実現していないが、そのための試行錯誤の副産物として、さまざまなものを生み出してきた。たとえば、「音声認識」「文字認識」「自然言語処理（かな漢字変換や翻訳）」「ゲーム（将棋や囲碁）」「検索エンジン」などは、すでに現実社会に大きなインパクトを与えているし、日常的に使われている。

これらはかつて人工知能と呼ばれていたが、実用化され、ひとつの分野を構成すると、人工知能と呼ばれなくなる。これは「ＡＩ効果」と呼ばれる興味深い現象だ。(注13) 多くの人は、その原理がわかってしまうと、「これは知能ではない」と思うのである。

人工知能はいまだ実現できないので、「知能の秘訣」は、われわれがまだ見ぬものの中にあるはずである。これが、「まだ見ぬ世界があるかも」と旅を続ける、人工知能という研究分野の青年性であり、いつまでもフロンティアであり続ける理由である。

人工知能とは何か――世間の見方

では、世間の一般の人の人工知能に対する認識はどうだろうか。

最近、あちこちで人工知能という言葉が聞かれる。「人工知能を搭載した製品を発売」とか、「人工知能を使ったシステムを開発」といった言葉が踊っている。本書の冒頭でも例に出した通りである。

先ほど説明した、「知能の実現を構成論的に目指す学問領域」とは、だいぶ毛色が違うようである。この違いはどう考えればよいだろうか。

「ある製品に知能がある」というときに、最もイメージしやすいのが、「その製品が何か考えているように見える」ことであろう。掃除ロボットの「ルンバ」であれば、部屋の形とゴミの状況によって動きが変わる。人工知能内蔵の洗濯機であれば、洗濯物の量や温度、湿度などによって洗濯のしかたが変わる。状況に応じて、どのように動作すればよいかを考え、より「賢い」振る舞いをする。つまり、入力（人間の五感に相当する「センサー」により観測した周囲の環境や状況）に応じて、出力（運動器官に相当する「アクチュエーター」による動作）が変わるということである。

人工知能の有名な教科書であるスチュワート・ラッセル氏の『エージェントアプローチ』では、まさに入力によって出力が変わる「エージェント」（ソフトウェアのプログラム）として人工知能をとらえ、賢く振る舞うための人工知能のさまざまな方法を解説している。(注14) 生物に知能があるのも、人間に知能があるのも、「行動が賢くなると、生き延びる確率が上がる」という進化的意義によるものであろうから、「入力に応じて適切な出力をする（行動をする）」というのは、知能を外部から観測したときの定義として有力といえる。

人工知能をエージェントと考え、その入力と出力の関係から考えると、世の中で語られている人工知能も理解しやすい。世の中で人工知能と呼ばれるものを整理すると、次のようなレベル１からレベル４の４段階に分けることができそうである。

〈レベル1〉単純な制御プログラムを「人工知能」と称している

レベル1は、マーケティング的に「人工知能」「ＡＩ」と名乗っているものであり、ごく単純な制御プログラムを搭載しているだけの家電製品に「人工知能搭載」などとうたっているケースが該当する。

エアコンや掃除機、洗濯機、最近では電動シェーバーに至るまで、世間には「人工知能」を名乗る商品があふれている。こういった技術は、「制御工学」や「システム工学」という名前ですでに長い歴史のある分野であり、これらを人工知能と称するのは、その分野の研究者や技術にも若干失礼だと思う。本書では、これらをレベル1の人工知能と呼ぶことにしよう。

〈レベル2〉古典的な人工知能

レベル2は、振る舞いのパターンがきわめて多彩なものである。将棋のプログラムや掃除ロボット、あるいは質問に答える人工知能などが対応する。

いわゆる古典的人工知能であり、入力と出力を関係づける方法が洗練されており、入力と出力の組み合わせの数が極端に多いものである。その理由は、推論・探索を行っていたり（第2章）、知識ベースを入れていたり（第3章）することによる。古典的なパズルを解くプログラムや診断プログラムはこれに当たる。

〈レベル3〉機械学習を取り入れた人工知能

レベル3は、検索エンジンに内蔵されていたり、ビッグデータをもとに自動的に判断したりするような人工知能である。入力と出力を関係づける方法が、データをもとに学習されているもので、典型的には機械学習（第4章）のアルゴリズムが利用される場合が多い。機械学習というのは、サンプルとなるデータをもとに、ルールや知識を自ら学習するものである。

これらの技術は、パターン認識という古くからの研究をベースに1990年代から進展し、2000年代に入り、ビッグデータの時代を迎えてさらに進化している。最近の人工知能というと、このレベル3のものを指すことが多い。昔はレベル2であったものも、機械学習を取り入れ、レベル3に上がってきているのがいまの状況だ。

〈レベル4〉ディープラーニングを取り入れた人工知能

さらにその上のレベル4として、機械学習をする際のデータを表すために使われる変数（特徴量と呼ばれる）自体を学習するものがある。第5章で紹介するディープラーニングがこれに当たり、本書では「特徴表現学習」と呼ぶ。

序章でも触れたように、米国では、ディープラーニング関連分野の投資合戦・技術開発合戦・人材獲得合戦が熾烈を極めている。いま、最もホットな領域である。

アルバイト・一般社員・課長・マネジャー

この4つの段階の知能はどのように異なるのか。たくさんの荷物が積まれた流通倉庫を例に説明しよう。

レベル1のAI（制御）は、縦何センチ以上、横何センチ以上、高さ何センチ以上の荷物は「大」のところに移動する、何センチから何センチまでは「中」、それ未満は「小」といったように、もれなく厳格なルールを定め、その通りに動くだけである。

レベル2のAI（探索・推論、あるいは知識を使ったもの）は、同じく荷物の縦・横・高さ・重さなどの情報で仕分けるように指示されているが、荷物の種類に応じてたくさんの知識が入れられている。たとえば、「割れ物注意」のタグがついていれば丁寧に扱う、天地無用であれば上下を入れ替えない、ゴルフバッグであれば縦に置く、生鮮食品は冷蔵扱いとする、などである。

レベル3のAI（機械学習）は、最初から厳格なルール、あるいは知識を与えられているわけではない。いくつかのサンプルが与えられて、「これは大」「これは中」「これは小」というルールを学んだら、次からは自分で「これは大だな」「これは中だな」「これはどこにも当てはまらない」と判別して、自分で仕分けできるようになる。

一方、レベル4のＡＩ（特徴表現学習）は特徴量を自分で発見するので、たとえばゴルフバッグをいくつか束ねて、「このタイプの荷物は、サイズ的には「大」かもしれないが、ほかとは明らかに異なる形状なので、別扱いしたほうがいい」と気づき、そういった「ゴルフバッグなどの荷物について」のルールを自分でつくるかもしれない。時間がたつほど、一番効率的な仕分けのしかたを学んでいくのがレベル４のＡＩだ。

言われたことだけをこなすレベル1はアルバイト、たくさんのルールを理解し判断するレベル2は一般社員、決められたチェック項目に従って業務をよくしていくレベル3は課長クラス、チェック項目まで自分で発見するレベル4がマネジャークラス、という言い方もできるだろうか。

みなさんも、ニュースや製品情報に出てくる「人工知能」や「ＡＩ」が、この4つのうちのどのレベルを指しているか、考えてみると面白いかもしれない。

強いAIと弱いAI

人工知能の研究分野では、古くから「強いＡＩ」「弱いＡＩ」という議論がある。もともとは哲学者のジョン・サール氏が言ったもので、「正しい入力と出力を備え、適切にプログラムされたコンピュータは、人間が心を持つのとまったく同じ意味で、心を持つ」とする立場を「強いＡＩ」とした。人間の心あるいは脳の働きは情報処理であり、思考は計算であるとするものである。本書の立場は、人間の知能の原理を解明し、それを工学的に実現できるとするので、「強いＡＩ」の立場と言ってよいだろう。

それに対して、「弱いＡＩ」とは、心を持つ必要はなく、限定された知能によって一見知的な問題解決が行えればよいとする立場である。

よく引き合いに出されるのが、「中国語の部屋」のたとえ話である。中国語がわからない人が膨大なマニュアルに従って入力された文字を確認し、決められた返答を出力することによって会話が成立したように見えても、その人は中国語を理解していないではないかという議論だ。

さらには、コンピュータが意識を持ちうるかとか、人間の思考がすべて計算なのだとしたら自由意思は存在するか（「自由」であることが介在する余地がない）といった議論もよく行われる。

こうした議論は楽しいものではあるが、人工知能全体を概観するときには、あまり多く語る必要はないと思う。私の考えでは、特徴量を生成していく段階で思考する必要があり、その中で自分自身の状態を再帰的に認識すること、つまり自分が考えているということを自分でわかっているという「入れ子構造」が無限に続くこと、その際、それを「意識」と呼んでもいいような状態が出現するのではないかと思う。

ただし、いずれにしても技術の発達により工学的に解明されていく類のものであって、ここで長々と説明するつもりはない。一部の認知心理学・脳科学の近年の知見を踏まえての議論を除けば、現段階で議論しても、昔の哲学者以上の答えが出せるとは思えない。

さて、人工知能とは何かという議論を少し整理したところで、次章からいよいよ人工知能の研究で何が起きてきたのか、何が起こっているのかを見ていこう。

（注7）人間原理とは、宇宙論において宇宙の構造の理由を人間の存在に求める考え方である。
（注8）ロジャー・ペンローズ『皇帝の新しい心　コンピュータ・心・物理法則』（みすず書房、1994年）

（注9）ヒューバート・L・ドレイファス『コンピュータには何ができないか　哲学的人工知能批判』（産業図書、1992年）

（注10）もちろん、脳科学者の中にも構成論的アプローチをとる人もいる。計算論的神経科学で著名な甘利俊一氏は、「脳を創る」ための研究をさまざまな角度から行った。

（注11）たとえば、ブライアン・クリスチャン『機械より人間らしくなれるか？　AIとの対話が、人間でいることの意味を教えてくれる』（草思社、2012年）など。

（注12）学会でいうと、ロボットは「日本ロボット学会」、人工知能は「人工知能学会」である。もちろん、両方にまたがって研究している人もいる。

（注13）マービン・ミンスキー氏をはじめ、多くの研究者が、AI効果により人工知能の貢献は少なく見積もられすぎていると述べている。

（注14）スチュワート・ラッセル『エージェントアプローチ　人工知能』（共立出版、第2版、2008年）。エージェントの概念にはハードウェアも含むので、ソフトウェアのみであるとは限らない。なお、エージェントの定義は次のように書かれている。「エージェントとは単に行動する主体のことである。しかし、コンピュータエージェントの場合においては、自律動作、環境認識、長期の持続性、変化への対応、他者の目標代行など、単なる〝プログラム〟とは異なる属性が期待される」

第2章

「推論」と「探索」の時代
―― 第1次AIブーム

ブームと冬の時代

いま注目を集める人工知能について、第1章では、世の中には「人工知能搭載」をうたった製品やサービスが数多く存在する一方で、専門家の間ではまだまだ人工知能はできていないという認識であることを説明した。

では、なぜいまだに人工知能が実現できていないのだろうか。その答えを紐解くために、人工知能の歴史を、順を追ってたどっていこう。くわしくは後ほど説明するので、まずは大まかに把握してもらうだけで十分である。

人工知能研究は、これまで「ブーム」と「冬の時代」を繰り返してきた。

第1次AIブームは1950年代後半〜1960年代。コンピュータで「推論・探索」をすることで特定の問題を解く研究が進んだ。しかし、いわゆる「トイ・プロブレム」（おもちゃの問題）は解けても、複雑な現実の問題は解けないことが明らかになった結果、ブームは急速に冷め、1970年代には人工知能研究は冬の時代を迎えた。

第2次ブームは1980年代であり、コンピュータに「知識」を入れると賢くなると

図3　第３次ＡＩブームのビッグウェーブ

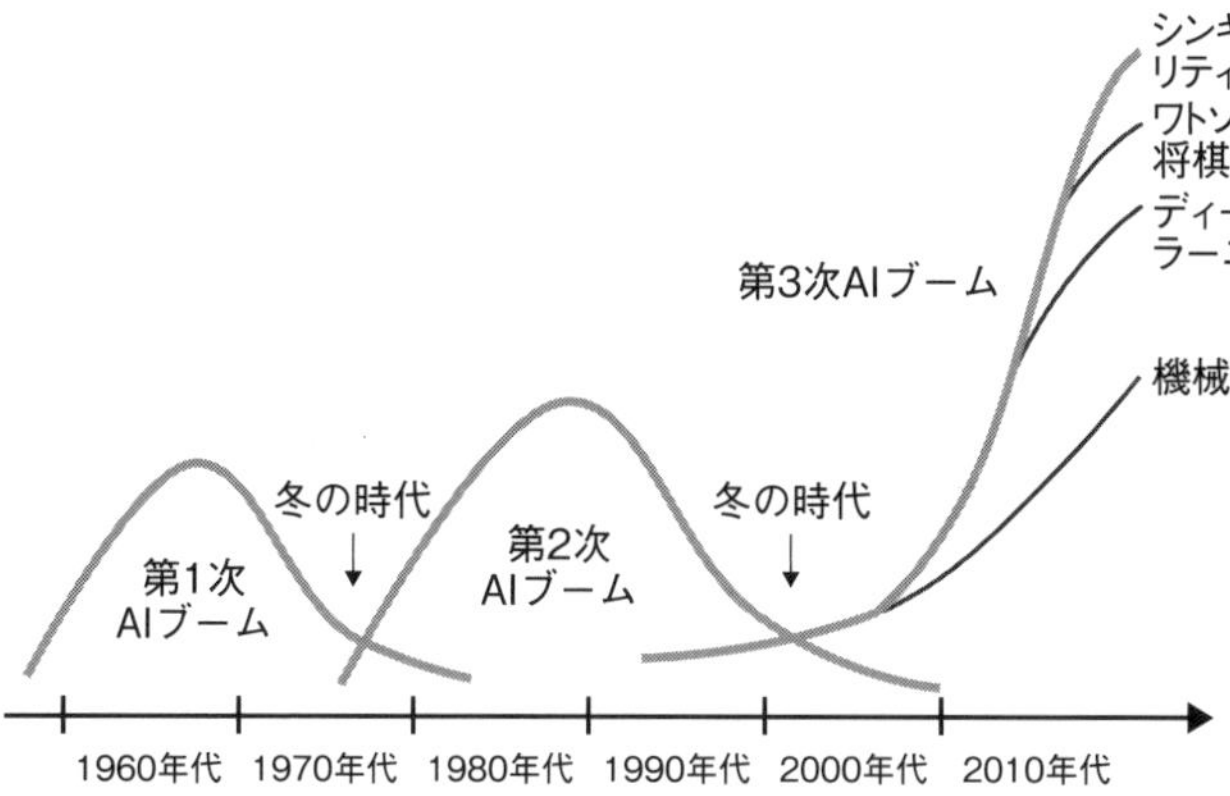

いうアプローチが全盛を迎え、エキスパートシステムと呼ばれる実用的なシステムがたくさんつくられた。しかし、知識を記述、管理することの大変さが明らかになってくると、１９９５年ごろにはふたたびＡＩは冬の時代に突入してしまう。

一方、１９９０年代半ばの検索エンジンの誕生以降、インターネットが爆発的に普及し、２０００年代に入ると、ウェブの広がりとともに大量のデータを用いた「機械学習」が静かに広がってきた。そして現在、ＡＩ研究は３回目のブームに差しかかっている。

第３次ＡＩブームは、図３のようにビッグデータの時代に広がった機械学習と、技術的に大きなブレークスルーであるディープラーニング（特徴表現学習）の2つの大波が重なって生まれている。そこに、IBMのワトソンプロジェクトや将棋電王戦など、象徴的な出来事が重なり、また、前述のレイ・カーツワイル氏のシンギュラリティ（人工知能が爆発的に進化する技術的特異点）に対する懸念や、スティーブン・ホーキング氏の発言など、恐怖感を煽る要素が重なり、さらに波が高くなっている。

ざっくり言うと、第1次AIブームは推論・探索の時代、第2次AIブームは知識の時代、第3次AIブームは機械学習と特徴表現学習の時代であるが、もっと厳密に言うと、この3つはお互いに重なり合っている。（注15）たとえば、第2次ブームの主役である知識表現も、第3次ブームの主役である機械学習も、本質的な技術の提案は、第1次ブームのときにすでに起こっているし、逆に、第1次ブームで主役だった推論や探索も、第2次ブームで主役だった知識表現も、いまでも重要な研究として脈々と継続されている。いずれにしても、ここでは大雑把に3回のブームがあることをつかんでもらいたい。

図4は人工知能研究の見取り図である。図の下のほうから、探索は2章で、対話システムの研究とエキスパートシステムからの流れは3章で、機械学習・ニューラルネットワークは4章で、そしてディープラーニングは5章で詳しく述べる。最近、話題になっている人工知能の技術も、そのルーツはさまざまであることがわかるだろう。

図4　人工知能研究の見取り図

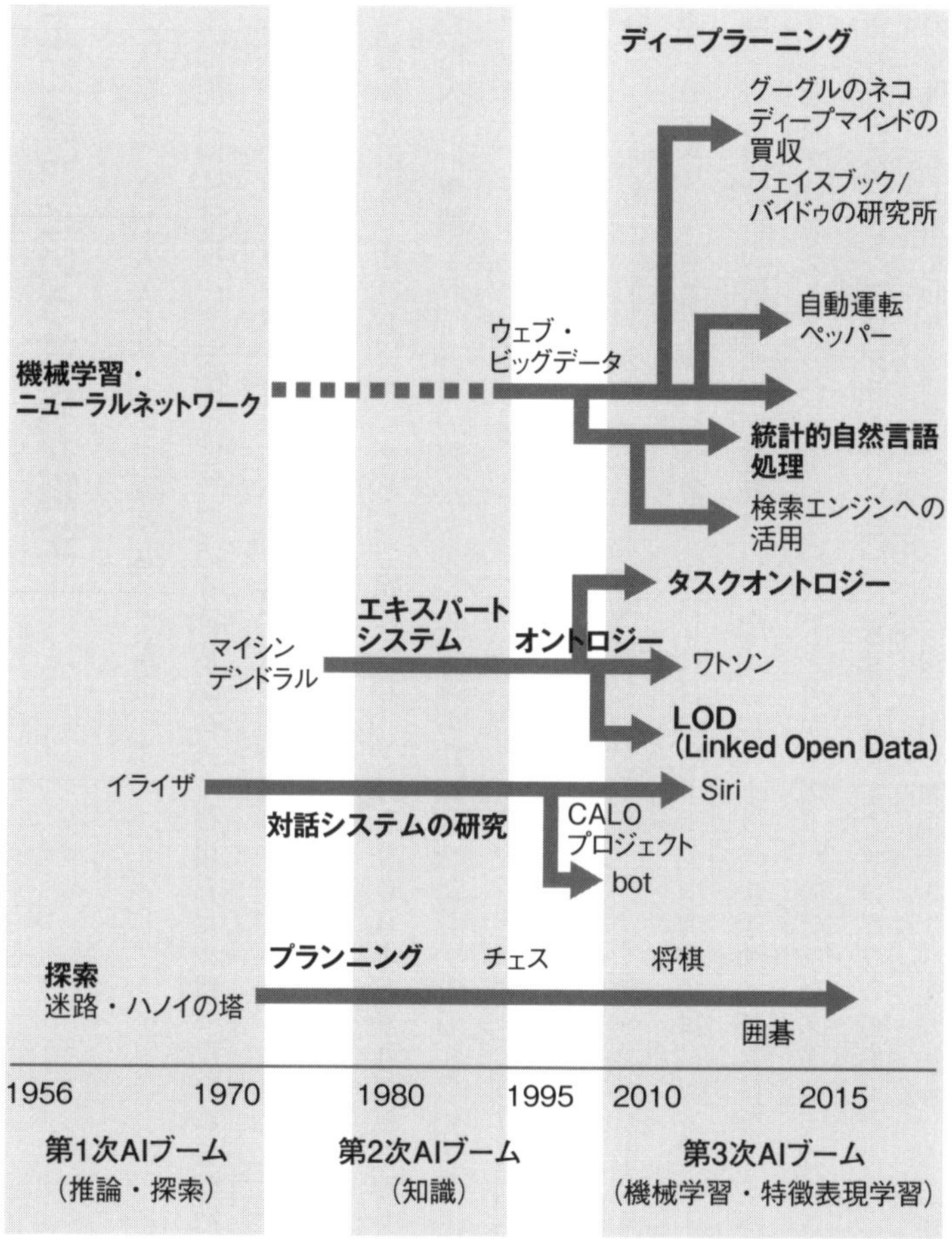

「人工知能」という言葉が誕生

第2章では、第1次ＡＩブームを振り返ってみよう。

「人工知能（Artificial Intelligence）」という言葉が初めて登場したのは、１９５６年の夏に米国東部のダートマスで開催された伝説的なワークショップである。人間のように考える機械を初めて「人工知能」と呼ぶことにしたのだ。

世界初の汎用電子式コンピュータとして知られる、１万７０００本あまりの真空管を使った巨大な計算機ＥＮＩＡＣ《エニアック》の誕生から10年。その圧倒的な計算力を目にした人たちは、コンピュータがいつしか人間より賢くなる、人間の能力を凌駕《りょうが》するだろうと当然のように思ったのである。

ジョン・マッカーシー、マービン・ミンスキー、アレン・ニューウェル、ハーバート・サイモンという著名な４人の学者も参加したこのワークショップでは、コンピュータに関する当時最新の研究成果が発表され、中でもニューウェルとサイモンによる世界初の人工知能プログラムといわれる「ロジック・セオリスト」のデモンストレーションが知られている。このプログラムは自動的に定理を証明するプログラムであった。

この会議は人工知能分野では伝説の、いわば創世記の物語であり、４人とも、人工知

図5　ダートマスの伝説の4人組

ジョン・マッカーシー
（1927−2011）

マービン・ミンスキー
（1927−2016）

アレン・ニューウェル
（1927−1992）

ハーバート・サイモン
（1916−2001）

能研究者にとっては神話の世界の人物だ。全員コンピュータ分野のノーベル賞といわれるチューリング賞を受賞し、サイモン氏はノーベル経済学賞まで受賞している。

　私は、スタンフォード大学でおじいさんになったマッカーシー氏を見て、ひとり興奮していたものだ。また、ミンスキー氏が日本に来られたときに勇躍インタビューの機会をもらい、一緒に食事をしながら人工知能がいつできるのかという話もした。残念ながら、ニューウェル氏は１９９２年、サイモン氏は２００１年、マッカーシー氏は２０１１年に亡くなっている。

探索木で迷路を解く

　第１次ＡＩブームでは、人工知能はやが

て実現するという楽観的な予測をもとに、野心的な研究が次々と実行に移された。この時代、中心的な役割を果たしたのが「推論」や「探索」の研究である。「推論」は人間の思考過程を記号で表現し実行するものであるが、処理としては探索と近いので、ここでは探索を説明しよう。探索を考えるときは、迷路を思い浮かべるとわかりやすい。

図6の上のような迷路があったとする。これを人間が解くときは、行き止まりになるまで指やペンでなぞりながら移動し、ゴールを目指す。コンピュータはこのままでは解きにくいので、問題を図の真ん中のように読み替える。スタート（S）とゴール（G）、さらに道が分かれる分岐点にノード（頂点）をつくって文字を振り（たとえばAやC）、行き止まりにも文字を振る（たとえばBやE）。

まず、SからスタートしてAに行くパターンとDに行くパターンの2つがある。AからはBで行き止まりのパターンとCに行くパターン。そうしてすべての解き方のパターンを並べていくと、図の下のようになる。これを「探索木《たんさくぎ》」と呼ぶ。

探索木は一般に下に行くほど広がっていく。目的がGにたどり着くことだとすると、Gが出てくるまで、探索木を広げていけばいいことがわかるであろう。そして、いったんGが出てきたら、たどってきたルートをなぞれば、それが答えになる。この場合は「S→A→C→G」が正解だ。

図6　探索木

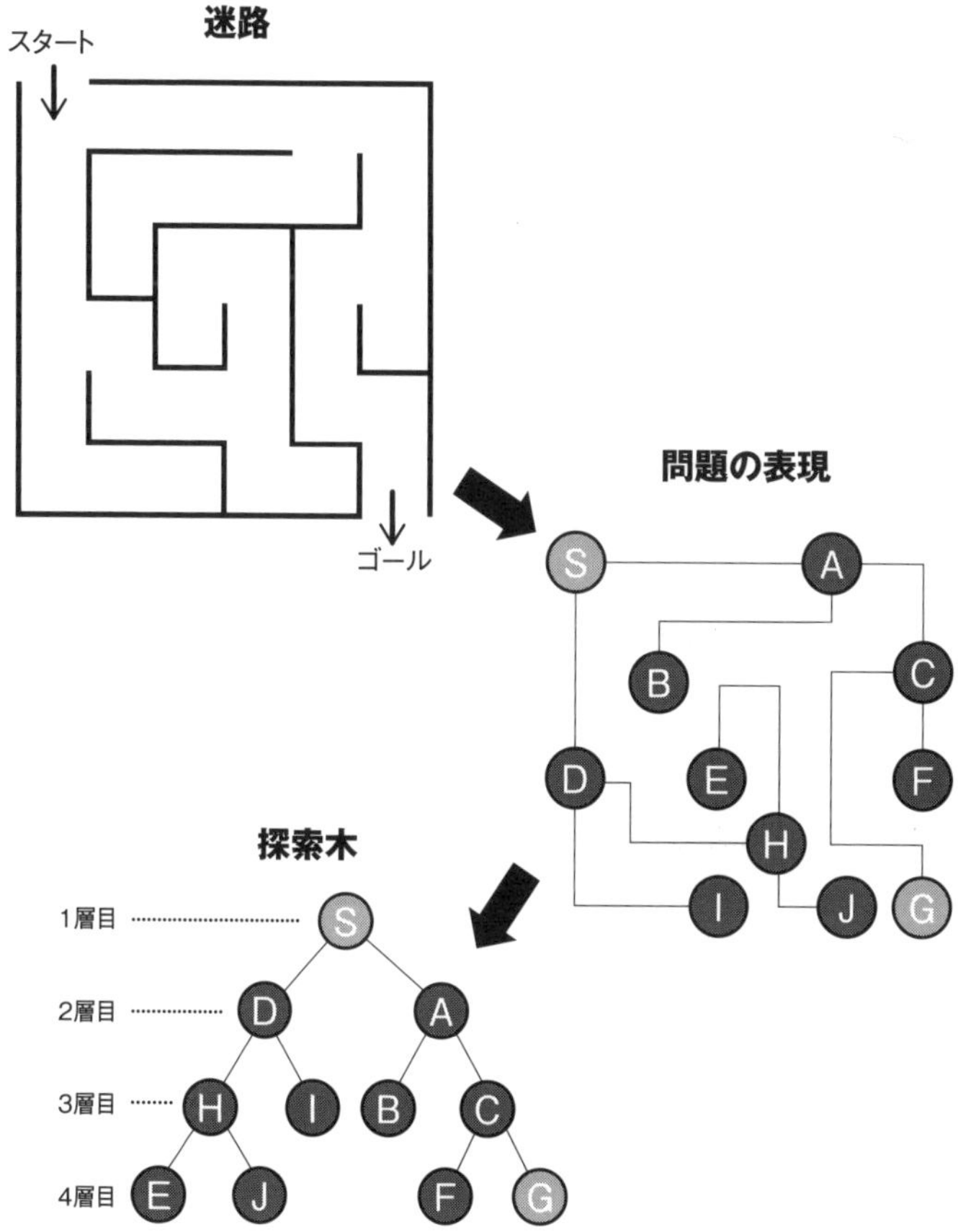
迷路
スタート
ゴール
問題の表現
S
A
B
C
D
E
F
H
I
J
G
探索木
1層目
2層目
3層目
4層目
S
D
A
H
I
B
C
E
J
F
G

探索木とは、要するに「場合分け」である。こっちに行った場合、あっちに行った場合で、場合分けをする。そしてこっちに行った場合でもまた場合分けをする。そうしてどんどん場合分けをしていけば、いつか目的とする条件が出現する、ということだ。コンピュータは単純なので、こういった場合分けをどんどんやれと指示すると、いくらでも場合分けをする。そして、いつしか答えを見つけてしまう。

ただし、同じ場合分けでも、やり方によって効率がよい悪いというのがある。探索木の広げ方は主に2つあり、1つは、とにかく行けるところまで掘り下げてみて、ダメなら次の枝葉に移る「深さ優先探索」。もう1つは、同じ階層（図中の「1層目」「2層目」がそれに当たる）をしらみつぶしに当たってから次の階層に進む「幅優先探索」だ。

幅優先探索なら、ゴールまで最短距離でたどり着く解が必ず見つかるが、途中のノードを全部記憶しておかなければいけないので、メモリがたくさん必要になる。複雑な迷路になると、記憶量が膨大になってコンピュータの記憶能力が追いつかないこともあり得る。一方、深さ優先探索は、必ずしも最短の解を最初に見つけるわけではないが、ダメなら一歩戻って次の枝に進めばいいので、メモリはそれほど必要ない。運がよければいちはやく解が見つかるが、運が悪ければ時間がかかる。どちらも一長一短である。

実際には、この2つのよいとこどりをするような方法や、特殊な問題に対して特別に早く解く方法などの研究が古くからされていて、いまでもそういった研究の一部が脈々と続いている。

ハノイの塔

迷路だけではなくて、さまざまなパズルを解くことも人工知能の分野では古くから行われてきた。有名な例としては「ハノイの塔」がある。

何枚か円盤が重なっていて、この円盤をそのままの形で、一番左から一番右まで移してくださいという問題だ。ただし、2つ条件がある。1つは「円盤は1枚ずつしか移動できない」、もう1つは「小さい円盤の上に大きい円盤を載せてはいけない」。さて、どうやって解けばいいだろうか。次ページの図7を見ながら考えてみてほしい。

まず1番上の円盤を右に入れる。2番目の円盤は右には置けない（小さい円盤の上に大きい円盤を載せることになるから）ので、真ん中に置く。3番目の円盤はどこにも置けないので、ひとまず右に置いた1番小さな円盤を真ん中に置く。空いた右に3番目の円盤を移動する……というふうに続けていって、最終的にすべての円盤を右に移動することができる。

このパズルも、探索木で解くことができる。円盤が移動できるすべての場合を順に試

図7　ハノイの塔

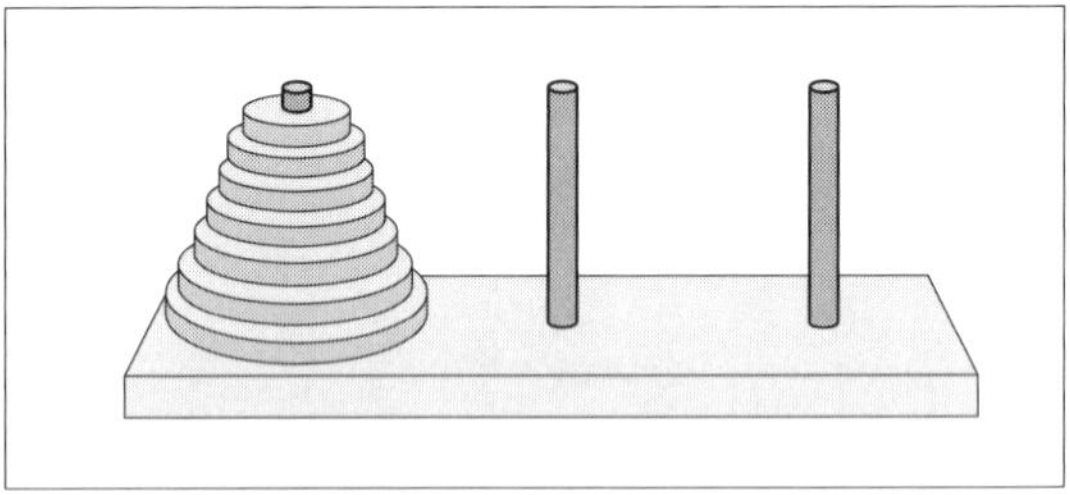

ルール①　円盤をすべて、左から右に移す
ルール②　1回に移動できるのは1枚だけ
ルール③　小さい円盤の上に大きい円盤を載せてはいけない

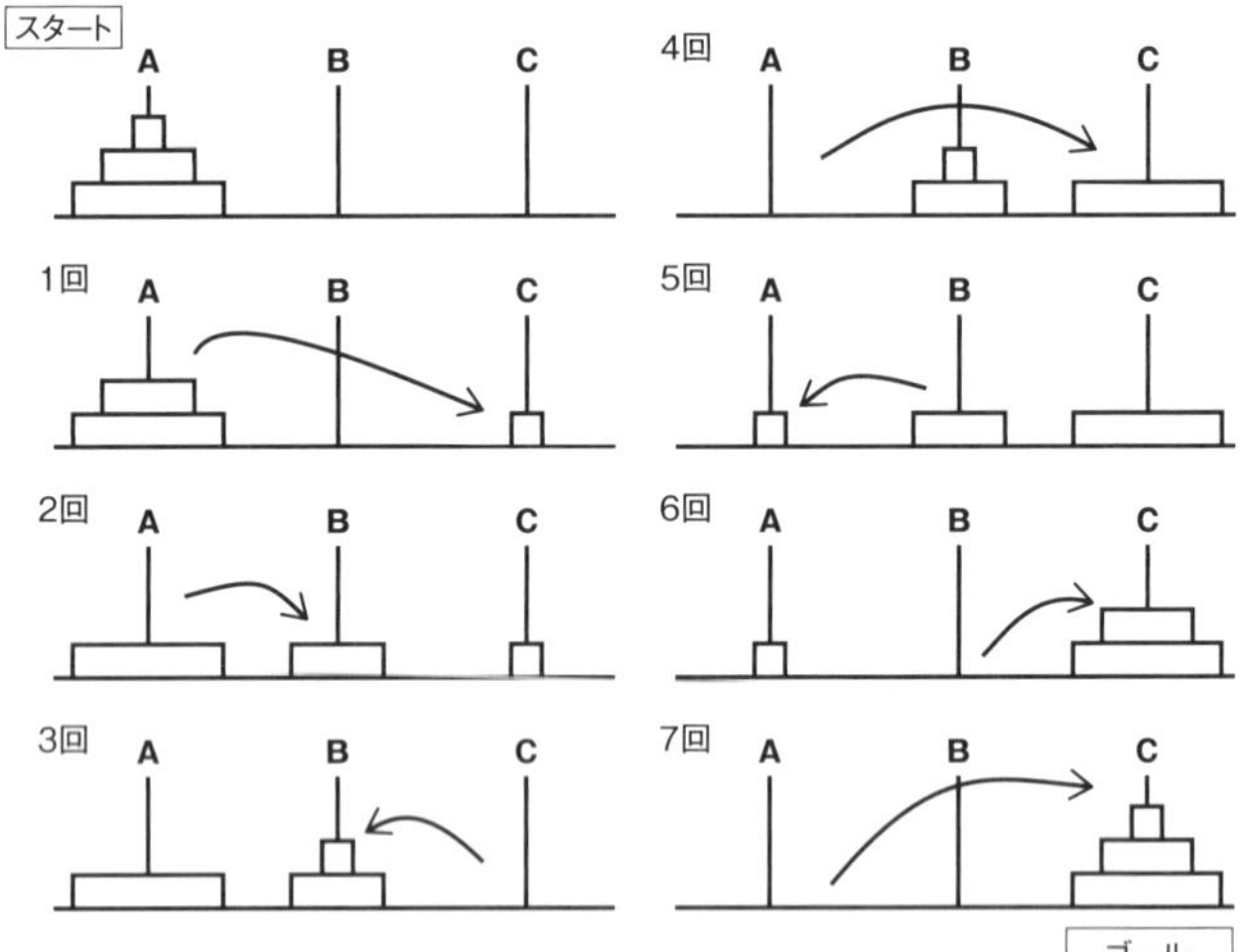

円盤が3つのときの解法

していけばいいのである。そのうち、ゴールとなる状態、つまり右に円盤が移動した状態にたどり着けば、そこから逆にたどっていくと、答えの手順が得られる。

ロボットの行動計画

探索木を使って、ロボットの行動計画もつくることができる。プランニングと呼ばれる技術である。

たとえば、部屋の外にいるロボットに「部屋の中からバッテリーを持ってきなさい」という命令を与えたとする。

・部屋の外にいるときに〈前提条件〉
ドアを開けると〈行動〉
ドアが開いた状態になる〈結果〉

・ドアが開いた状態で〈前提条件〉
室内に移動すると〈行動〉
部屋の中にいる状態になる〈結果〉

このようにあらかじめ行動計画を記述しておけば、ロボットはそれに従って行動する。あらゆる状況〈前提条件〉について、〈行動〉と〈結果〉を記述しておけば、最終的にロボットはバッテリーを部屋から持ち出すことができるはずだ。

プランニングの研究では、〈前提条件（プリコンディション）〉と〈行動〉と〈結果（ポストコンディション）〉という3つの組み合わせで記述するSTRIPS（Stanford Research Institute Problem Solver）が有名である。

1971年当時、プランニングの研究は、ロボットを実際に動かすところまではいっておらず、まだシミュレーションの段階にとどまっていたが、このSTRIPSは、実際のロボットを含め、その後の研究の発展に大きく貢献した。

また、こうした仕組みを「積み木の世界」の中で完全に実現した研究も行われた。SHRDLUは、スタンフォード大学のテリー・ウィノグラード氏が1970年に開発したシステムで、「積み木の世界」に存在するさまざまな物体（ブロックや球、箱など）を、英語で指示して動かすことができた。たとえば、「いま、あなたがつかんでいるものよりも高いブロックを見つけ、それを箱の上に置け」「そのブロックを取り除け」などと指示して、その通りに動かすことができたのである（「その」という指示語の意味も理解できた)。「積み木の世界」の中だけとはいえ、言葉を正しく理解することができるシステムであり、人工知能の大きな成功例とされた。

なお、このウィノグラード氏はその後、ヒューマン・コンピューター・インタフェース(HCI)という領域に研究分野を変更して、グーグルの創業者のひとり、ラリー・ペイジ氏を育てている。

相手がいることで組み合わせが膨大に

探索の研究で一番わかりやすく、メディアでも目にする場面が多いのが、オセロやチェス、将棋、囲碁などのゲームへの挑戦だろう。(注16)

これらのゲームも、基本的には探索である。ただ、迷路やパズルの探索と違うのは、相手がいることである。こちらが指した手に対して、相手が手を返して、さらにこちらが手を指して……ということを繰り返して、探索木をつくらないといけない。また、組み合わせの数がとても多く、すぐに天文学的な数字になってしまうので、なかなか最後まで探索しきれない。

どれくらいの組み合わせがあるかというと、8×8の盤面で駒が白黒、裏返しありのオセロはおよそ10の60乗通り(つまり、60桁の数字。一、十、百……と数えていって、那由他《なゆた》という単位に当たる)、8×8の盤面で駒が白黒6種類ずつのチェスはおよそ10の120乗通り(もはや大きすぎて単位がない)、9×9の盤面で駒が8種類ずつ、「成り」やとった駒を使える将棋はおよそ10の220乗通り、19×19の盤面で駒が白黒の囲碁はおよそ10の360乗通りである。

つまり、場合の数からいうと、オセロが一番簡単で、その次にチェス、将棋、囲碁の順番に難しくなる。観測可能な宇宙全体の水素原子の数がおよそ10の80乗個といわれており、この数字がこの世界で「数えられるもの」の数としては最大だろうから、盤面で起こりうる組み合わせがいかに膨大な数字か、おわかりいただけるのではないだろうか。

これだけ組み合わせの数が膨大だと、最後までしらみつぶしに調べることはとうていできない。そこで、盤面を評価するスコアをつくり、そのスコアがよくなるように、次の指し手を探索することになる。それが現在まで続くゲーム攻略のための人工知能の基本的な設計となっている。

たとえば将棋の場合、たとえば、自分の「王将」が王手されていればマイナス10点、相手の「玉将」に王手をかけていればプラス10点、王手はされていなくても自分の「王将」の周囲8マスに相手の「飛車」「角」がいたらマイナス5点、その逆がプラス5点、相手の「歩」が自陣に入り込んできて「と金」に成ったらマイナス1点、その逆がプラス1点……のように決めておく。その局面、局面でスコアを計算し、仮にいまが3点なら、次の手ではできるだけ3点より大きくなるように指せばよいことになる。

ゲームは、自分は自分の点数を最大化（Ｍａｘ）する手を指し、相手はこちらの点数を最小化（Ｍｉｎ）する手を指すことで成り立つと仮定すると、5手先、10手先の最善手が決まる。これがミニマックス法で、２手先の盤面評価から次の自分の指し手を決める方法を次ページの図8で紹介している。

チェスや将棋で人間に勝利を飾る

１９９７年、ＩＢＭが開発したスーパーコンピュータ「ディープブルー」が、当時のチェスの世界チャンピオン、ゲイリー・カスパロフと対戦、勝利を収めた。ついに人類がコンピュータに敗れたということで、世界中に衝撃が広がった。

持ち駒が使える将棋でコンピュータが人間に勝つのは当分先と思われていたが、２０１２年、第1回将棋電王戦で、当時の日本将棋連盟会長・米長邦雄永世棋聖が前年の世界コンピュータ将棋選手権の優勝ソフト「ボンクラーズ」と対戦して敗れた。その著書『われ敗れたり』には、コンピュータに敗れるまでの経緯と心境が綴られている。(注17)

翌２０１３年には、現役プロ棋士vsコンピュータソフトによる5対5の「第2回将棋

図8　ミニマックス法(2手先読み)

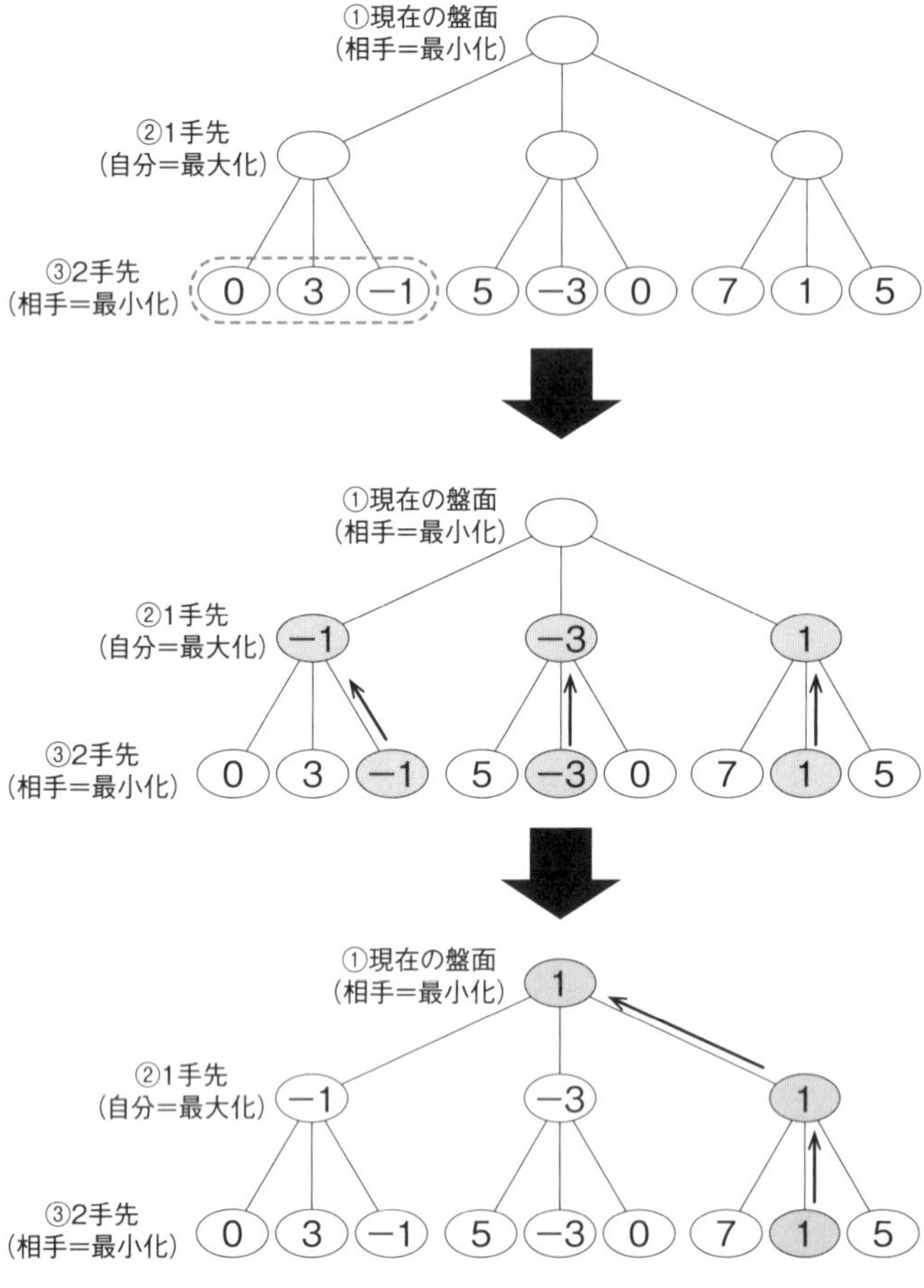

電王戦」が行われ、第2局でコンピュータソフト「ponanza」が佐藤慎一四段に勝利、史上初めて現役プロ棋士が敗れて話題となった。対戦成績はソフト側の3勝1敗1分け、翌2014年の「第3回将棋電王戦」もソフト側の4勝1敗で、コンピュータ有利の状況が続く。将棋電王戦はニコニコ生放送で中継され、「人間vsコンピュータソフト」というわかりやすさも手伝って、屈指の人気コンテンツとなった。

ここ数年の将棋ソフトの能力向上は目覚ましいものがある。なぜ強くなってきたかというと、ひとつは、コンピュータの処理能力が飛躍的に向上したこと。たとえば、第2回電王戦に登場した「GPS将棋」は東京大学にある670台のコンピュータと接続し、1秒間に3億手読むといわれていた。

将棋の場合、序盤の組み合わせはそれこそ無数にあるため、どれだけ処理能力の高いコンピュータでも、すべての手を読むことはできない。ところが、中盤になり、駒の位置が定まってくるにつれて、有効打の数は限られてくる。だから、コンピュータは後になればなるほど本領を発揮する。特に詰めに至る最終局面ではまずミスしないので、中盤をいかに戦うかが、将棋ソフトとの対戦では重要になるのだ。

ほかにもいくつか強くなった秘訣はあるのだが、ここでは2つだけご紹介しよう。

【秘訣1】よりよい特徴量が発見された

将棋ソフトが強くなった秘訣の1つ目は、第4章で詳述する機械学習の適用と、そのためのよりよい「特徴量」が発見されたことである。機械学習によって、盤面と指すべき手を過去の膨大な棋譜から学習することができるようになった。そして、そこに新しい特徴量を使えばいいことがわかってきたのだ。

特徴量というのは「データの中のどこに注目するか」ということであって、それによって、プログラムの挙動が変化する。たとえば、「王手をされているか」というのは1つの特徴量だし、「王将がどのくらい前に出ているか」というのも1つの特徴量である。以前は、機械学習で使う特徴量は、あくまで「2つの駒の関係」が中心だった。王将に対して飛車がこの位置にあるとか、金が王手をかけているとか、2つの駒の位置関係に注目して、指すべき手を計算していた。

ところが、研究が進むにつれて、徐々に「3つの駒の関係」を使ったほうが有効だということがわかってきた。たとえば、王将と金と銀の位置関係がどうなれば有利なのか、人間には見えていなかった相関関係を、過去の棋譜というビッグデータの中から見つけ出し、それによって次の指し手を絞るときの精度が向上したのだ。

【秘訣2】モンテカルロ法で評価の仕組みを変える

特に囲碁の場合に当てはまるのだが、強くなってきた秘訣の2つ目は、スコアの評価に「モンテカルロ法」を導入したことである。それまでは、それぞれの駒の数や位置関係に点数をつけて盤面を評価していたのだが、その点数のつけ方が妙味であって、極端な話、ある局面をどういうふうに評価するかによって、ソフトの強さが決まっていた。点数のつけ方は、あくまでも人間が決めていたのだ。

ところが、モンテカルロ法では180度発想を変えて、ある局面まできたら、駒の数や位置関係によって点数をつけることを放棄する。では、目の前の盤面をどうやって評価するかというと、そこから交互に、完全にランダムに手を指し続け、とにかく終局させるのだ（これを「プレイアウト」という）。次に指せる手が10手あるとしたら、10分の1の確率でどれかを指す。相手も次に指せる手が10手あるとしたら、また10分の1の確率でどれかを指す。それを交互に繰り返していけば、いずれ勝負がつく。

最初の試行では自分が勝ったけれども、次は相手の勝利、その次は自分……ということを、たとえば100回繰り返す。その結果、60勝40敗ならスコアは60点、20勝80敗ならスコアは20点、といった具合に評価するのだ。1秒間に数億手を読むコンピュータなら、ある局面からランダムに指してどちらが勝つかをシミュレーションすることなど、実にたやすい。

そうやっていちいち手の意味を考えず、ひたすらランダムに指し続け、その勝率で盤面を評価したほうが、人間がスコアのつけ方を考え、重みづけをして盤面を評価するよりも、最終的に強くなることがわかってきた（実際には完全なランダムではなく、いろいろな工夫をしている）。素人の判断（ランダム）でも、ケタ違いに多くなれば、玄人の判断（人間による重みづけ）にも勝るということだ。

これらの新しい手法や発見によって、ゲームを攻略するプログラムはどんどん高度になり、時に、人間の能力を超えるほどになってきた。ただし、その基本原理は探索であって、それは何十年も昔から変わっていない。こうした探索の方法は、人間の思考方法と違って、ブルートフォース（力任せ）ともいわれる。探索すべき解の空間が広がると、この力任せの場合分けは通用しにくくなる。

囲碁は、将棋よりもさらに盤面の組み合わせが膨大になるので、人工知能が人間に追いつくにはまだしばらく時間がかかりそうだ。人間の思考方法をコンピュータで実現し、人間のプロに勝つには、第5章で出てくるような特徴表現学習の新しい技術が何らかの形で必要だろう。

現実の問題を解けないジレンマ

1960年代に花開いた第1次AIブームでは、一見すると知的に見えるさまざまな課題をコンピュータが次々に解いていった。さぞかしコンピュータは賢いのだろうと思われたが、冷静になって考えてみると、この時代の人工知能は、非常に限定された状況でしか問題が解けなかった。迷路を解くのも、パズルを解くのも、チェスや将棋に挑戦するのも、明確に定義されたルールの中で次の一手を考えればよかったのだが、現実の問題はもっとずっと複雑だった。

たとえば、ある人が病気になったときに、どんな治療法があるのか。あるいは、ある会社がこれから伸びていくにはどういう製品を開発したらいいかといった、私たちが普段直面するような本当に解きたい問題は全然解けない。いわゆるトイ・プロブレム（おもちゃの問題）しか解けないということが次第に明らかになってきた。

同時に、人工知能の大家であるマービン・ミンスキー氏が当時、一世を風靡《ふうび》していたニューラルネットワーク（第4章でくわしく説明する）に関して、特定の条件下における限界を示したこと[注18]（それ自体は大した限界ではなかったのだが、多くの人はそれがニューラルネットワーク自体の限界だと勘違いした）、また、米国政府が機械翻訳は当分成果が出る見込みがないという報告書（ＡＬＰＡＣレポート）を出したことで、研究の支援が打ち切られたことなどが追い打ちとなり、人工知能に対しての失望感が広がった。そして、１９７０年代の冬の時代を迎えてしまう。

難解な定理を証明するとか、チェスで勝利するといった高度に専門的な内容は、コンピュータにとっては意外に簡単だった。しかし、現実の問題は難しかった。人間の知能をコンピュータで実現することの奥深さがわかったのが、第1次ＡＩブームであった。

（注15）特徴表現学習も機械学習の一部として研究されているが、そのインパクトの大きさとわかりやすさのために、ここでは別のものとして説明する。

（注16）コンピュータ将棋や囲碁に関しては、はこだて未来大学教授、現人工知能学会会長の松原仁氏が第一人者である。

（注17）米長邦雄『われ敗れたり　コンピュータ棋戦のすべてを語る』（中央公論新社、２０１２年）

（注18）入力層と出力層のみからなるパーセプトロン（3層のニューラルネットワーク）では、線形分離可能なパターンしか分離できず、ＸＯＲ関数すら実現できないこと。

第3章

「知識」を入れると賢くなる
——第2次AIブーム

コンピュータと対話する

トイ・プロブレムは解けても、現実の問題は解けないという限界が明らかになり、1970年代にいったん下火になった人工知能研究だが、1980年代になるとふたたび勢いを取り戻した。今度は、工場の生産現場など、現実の産業領域への応用も始まった。

推論・探索のためのシンプルなルールで人工知能を実現しようとした第1次ブームとは異なり、第2次AIブームを支えたのは「知識」である。たとえば、お医者さんの代わりをしようと思えば、「病気に関するたくさんの知識」をコンピュータに入れておけばよい。弁護士の代わりをしようと思えば、「法律に関するたくさんの知識」を入れておけばよい。そうすると、迷路を解くというおもちゃの問題ではなく、病気の診断をしたり、判例に従った法律の解釈をしたりという現実の問題を解くことができる。これは確実に賢くなりそうに思えるし、また実用的にも使えそうだ!

知識を入れる研究を説明する前に、ひとつ有名な研究を紹介しておこう。知識を入れるまでいかなくとも、「知識がありそうに見える方法」をうまくつくるだけで、どれくらい人間にインパクトを与えてしまうかという好例である。

１９６４年に開発されたＥＬＩＺＡ《イライザ》という対話システムは、いまでも有名である。イライザは、コンピュータと人がテキストデータをやりとりして、あたかも「対話」しているように見えるシステムである。

たとえば、ユーザーが「頭が痛い」と入力すると、コンピュータが「なぜ頭が痛いの？」と返してくる。「母が私を嫌っている」と入力すると、「ほかに誰があなたを嫌っているの？」とコンピュータが返してくる。

これがどのように実現されているかというと、人間が「ＸＸＸ」と入力すれば「なぜＸＸＸと言うの？」とか「ほかに誰がＸＸＸなの？」と返すという単純なルールをつくっているだけだ。ほかにも、「その質問、面白い？」「ほかのことを話しましょう」などの会話を展開させるルールもある。こうしたルールをランダムに使うことで、人間はあたかも「対話」をしているような気になってしまう。次ページの図９は、実際にイライザと交わされた「対話」の例である。

人間は、相手がコンピュータだからフェイクだろうと決めてかかって会話をしているのだが、対話の後半、人間が「わけわからないことを言っているじゃないか！」と指摘すると、コンピュータは「なぜわけわからないことを言っていると思うのですか？」と

図9　イライザの対話例

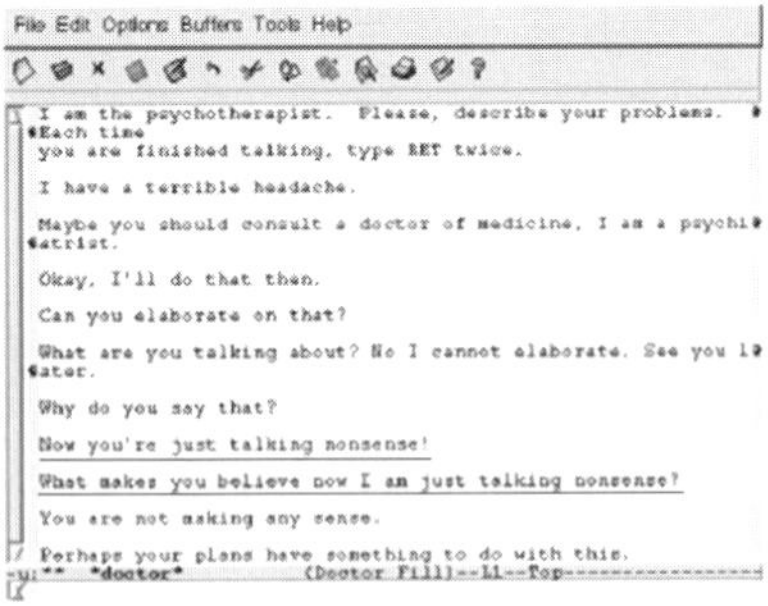

「私は精神療法士です。あなたの問題を説明してください。話し終えるたびに、リターンキーを2回押してください」

「頭痛がひどいんだ」

「たぶん医者に相談すべきです。私は精神科医です」

「わかった。後でそうするよ」

「それについてくわしく説明できますか?」

「何の話をしているの?　説明できないよ。じゃまたね」

「なぜそんなことを言うのですか?」

「だって、わけわからないことを言っているじゃないか!」

「なぜわけわからないことを言っていると思うのですか?」

「何の意味もないじゃない」

「それは、きっとあなたがこれからやることと関係がありますね」


言い返している。たしかに人間でもそんなふうに怒りそうだ、と思わせる一幕だ。

　この対話システムは人気が出て、コンピュータとの対話に夢中になる人も出てきた。1976年の記事によれば、対話の記録を見ようとすると、コンピュータが「プライバシーの侵害だ」と非難したり、「対話中は部屋にひとりきりにしてくれ」と頼んだりすることもあったという。

　ここで面白いのは、システムのつくり方ではなくて、人間のほうである。どうやら人間は、単純なルールで記述された言葉でも、そこに知性があると感じてしまうらしい。掃除ロボットのルンバが迷子になっただけで、そこに愛着を感じてしまうのが人間である。

ツイッターでは、bot《ボット》と呼ばれるアカウントがたくさんあるが、中には、ある特定のアルゴリズム（ルール・手順）に則ってツイートし続けるものもあり、「人工無能」と呼ばれている。根本的な原理は、イライザと同じである。

iPhoneにはSiri《シリ》という音声対話システムが入っている。その反応が面白いと話題になり、Siriに「愛している」「結婚して」と話しかける人が続出したが、イライザはテキストベースでもう50年も前にその原型を実現していたのだ。(注19)

専門家の代わりとなるエキスパートシステム

第2次AIブームにおける「知識」を使った人工知能の大本命は「エキスパートシステム」である。ある専門分野の知識を取り込み、推論を行うことで、その分野のエキスパート（専門家）のように振る舞うプログラムで、1970年代初めにスタンフォード大学で開発されたMYCIN《マイシン》が有名である。

マイシンは伝染性の血液疾患の患者を診断し、抗生物質を処方するようにデザインされている。500のルールが用意されていて、質問に順番に答えていくと、感染した細菌を特定し、それに合った抗生物質を処方することができる。いわば感染症の専門医の代わりに診断を下すことが期待されたシステムだ。

図10　マイシンによる診断

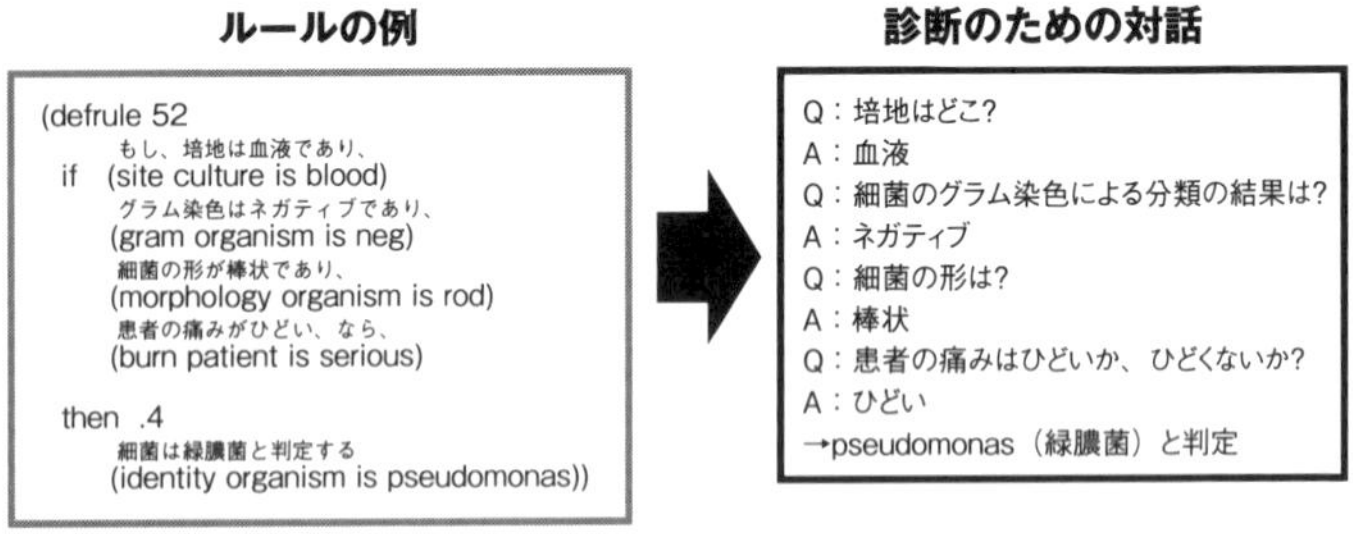
ルールの例
(defrule 52
もし、培地は血液であり、
if (site culture is blood)
グラム染色はネガティブであり、
(gram organism is neg)
細菌の形が棒状であり、
(morphology organism is rod)
患者の痛みがひどい、なら、
(burn patient is serious)
then .4
細菌は緑膿菌と判定する
(identity organism is pseudomonas))
診断のための対話
Q：培地はどこ?
A：血液
Q：細菌のグラム染色による分類の結果は?
A：ネガティブ
Q：細菌の形は?
A：棒状
Q：患者の痛みはひどいか、ひどくないか?
A：ひどい
→pseudomonas（緑膿菌）と判定

図10は緑膿菌（pseudomonas）の判定例である。左側のルールで「if」以下の条件がそろえば、「then（そのときは）その微生物の正体は○○である」と記述しておくと、右のような対話を通じて、その細菌が特定できるという仕組みだ。

マイシンは性能的には69％の確率で正しい処方を行うことができた。これは細菌感染が専門でない医師よりはよいが、専門医（80％の確率で正しい）よりは劣った結果であった。ただ、驚きなのは、いまから40年も前にこうしたシステムが実際につくられていたことである。

そのほか、生産・会計・人事・金融などさまざまな分野でのエキスパートシステムがつくられた。たとえば、住宅ローンのエキスパートシステムでは、ローンを組めるかどうかの判断を自動化し、従業員のコストを削減することを目指していた。エキスパートシステムの大家であるエドワード・ファイゲンバウム氏が1960年代に開発した、未知の有機化合物を特定するＤＥＮＤＲＡＬ《デンドラル》というエキスパートシステムも大変有名である。

1980年代には、米国の大企業（フォーチュン1000）の3分の2が何らかの形で日常業務に人工知能を使っているとされた。第2次ＡＩブームの過熱ぶりがわかるのではないだろうか。

エキスパートシステムの課題

エキスパートシステムはうまくいく例もあったが、問題もあった。1つは、知識をコンピュータに与えるために、専門家からヒアリングして知識を取り出さないといけないことである。これはコストもかかり、大変な処理であった。

また、知識の数が増えて、ルールの数が数千、数万となると、お互いに矛盾していたり、一貫していなかったりするので、知識を適切に維持管理する必要が出てくることもわかった。

さらに、高度な専門知識が必要な限定された分野ではよくても、より広い範囲の知識を扱おうとすると、とたんに知識を記述するのが難しくなった。たとえば、何となくお腹が痛いとか、胃のあたりがムカムカするといった「あいまいな症状」について診断を下すことは、コンピュータにとって難易度が高い。「お腹」とは何か、「痛い」というのはどんな痛みか、「胃のあたり」とは具体的にどの部分か、「ムカムカする」とはどんな状態か、きちんと定義しておく必要があるからだ。

そうすると、コンピュータはあらかじめ人間の身体や生物としての特徴について、ある程度把握しておく必要が出てくる。人間には「手」と「足」が2本ずつあり、「お腹」には「胃」「小腸」「大腸」などがあり……といった常識的な知識を持っておかなければならない。

ところが、この「常識レベルの知識」が思いがけず難敵だったのである。

知識を表現するとは

人間なら誰でも知っているような知識をどのように表現すれば、コンピュータが処理しやすい形になるのか。そのための基本的な研究が進められた。「知識表現」の研究である。

人工知能の初期からの有名な研究のひとつが、「意味ネットワーク（Semantic Network）」と呼ばれる、人間が意味を記憶するときの構造を表すためのモデルである。これは、「概念」をノードで表し、ノード同士をリンクで結び、ネットワーク化して表現する。
次ページの図11の上の図で、「人間」は「哺乳類」に、「哺乳類」は「動物」に、「動物」は「生物」に属する。同時に、「人間」は「2」つの「手」と「2」つの「足」を持ち、「尾」は持たない。図中の楕円がノードで、矢印はリンクを表す。この世界に関する知識は、このように、概念をその関係性を使って記述していくことが常套《じょうとう》手段であった。

さらに、人間の持つすべての一般常識をコンピュータに入力しようという、野心的なプロジェクトもスタートした。Ｃｙｃ《サイク》プロジェクトと呼ばれるこのプロジェクトでは、図11の下に示すような、「ビル・クリントンはアメリカの大統領のひとりだ」「すべての木は植物だ」「パリはフランスの首都だ」といった知識をひたすら入力していく。

サイクプロジェクトは、ダグラス・レナート氏という人工知能業界の有名人によって米国のベンチャーとして１９８４年からスタートしたが、実は、30年以上たった現在も続いている。人間が持つ常識は、書いても書いても書き終わらないのだ。まさに現代のバベルの塔といってもよいかもしれない。

いかに人間の持つ「一般常識」レベルの知識が膨大か、それを形式的に記述すること

図11　知識を表現する

意味ネットワーク

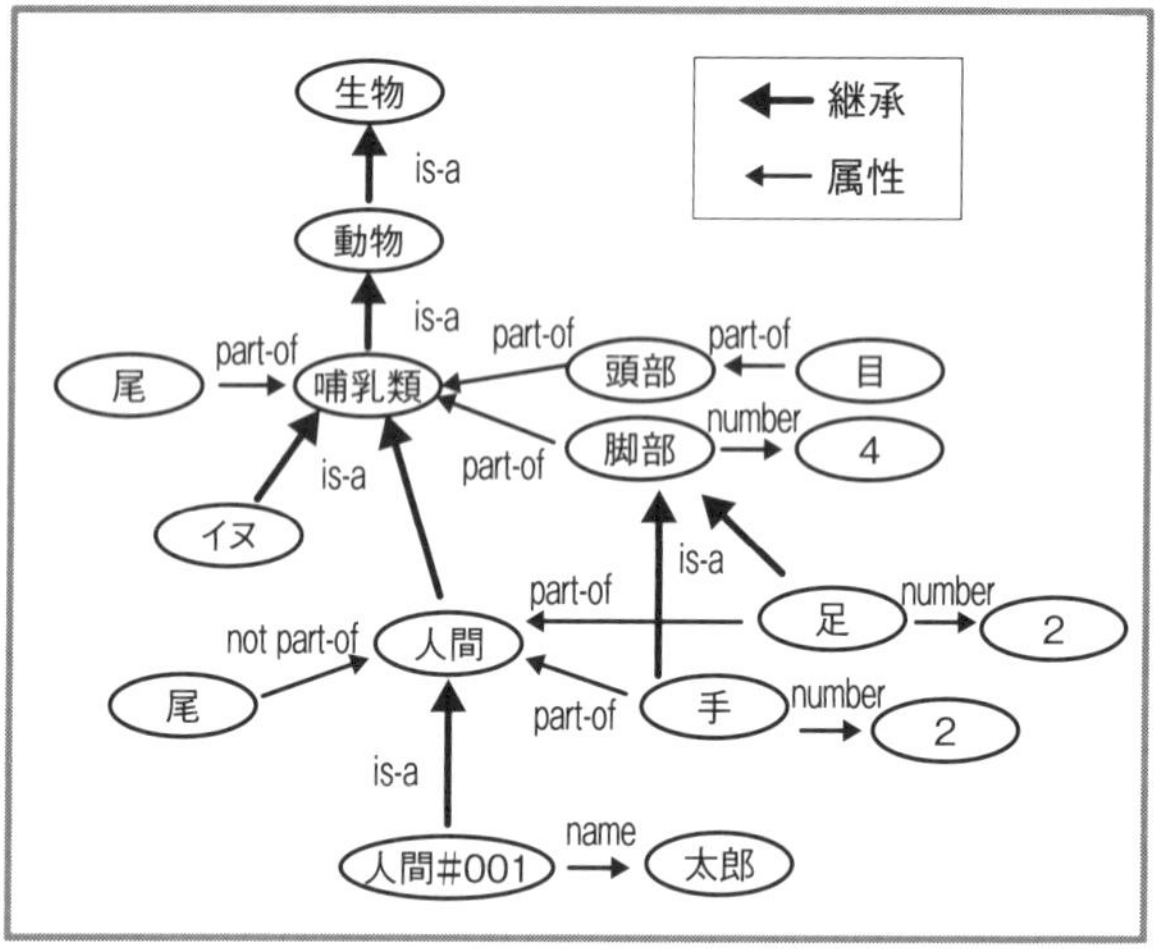

サイクプロジェクトで記述された知識の例

(#$isa #$BillClinton #$UnitedStatesPresident)
“Bill Clinton belongs to the collection of U.S. presidents.”
ビル・クリントンは米国大統領の一員だ。

(#$genls #$Tree-ThePlant #$Plant)
“All trees are plants.” すべての木は植物だ。

(#$capitalCity #$France #$Paris)
“Paris is the capital of France.” パリはフランスの首都だ。

がいかに難しいか、おわかりいただけるのではないかと思う。

知識を正しく記述するために：オントロジー研究

知識を記述するのが難しいことがわかってくると、知識を記述すること自体に対する研究が行われるようになってきた。それがオントロジー（ontology）研究につながった。

オントロジーとは、哲学用語で「存在論」のことであり、人工知能の用語としては、「概念化の明示的な仕様」と定義される。情報システムをつくるときに、そこに明確な仕様書があるべきなのと同じように、知識を書くときにも、そこに仕様書があるべきだろうという考え方である。

元人工知能学会会長の溝口理一郎氏は、オントロジー研究の第一人者である。非常に重要で、面白い研究なのだが、かなり込み入った話なので、オントロジー研究とはどういうものかを、さわりだけ紹介しよう（くわしくは、溝口氏の著書を参考にしていただきたい）。[注20]

先ほどの図11に出てくるような概念の間の関係を表す際、通常よく用いられるのが、「is-a関係」と「part-of関係」である。「is-a関係」は上位下位の関係で、イヌは哺乳類であるとか、イチゴは果物であるといったカテゴリの関係を表す。一方、「part-of関係」は部分が全体に含まれていることを表す。たとえば、「手 part-of 人間（手は人間の一部）」「指 part-of 手（指は手の一部）」のように知識を記述することができる。

では、「is-a関係」には推移律《すいいりつ》が成り立つだろうか。

推移律というのは、AとBに関係が成り立っており、BとCにも成り立っていれば、AとCにも自動的に成り立つというものである。たとえば、数の大小関係は推移律が成り立つ。1より3が大きく、3より7が大きければ、必ず1より7が大きい。ところが、じゃんけんの強さの関係は推移律が成り立たない。つまり、関係の種類によって、推移律が成り立つものと成り立たないものがある。

「is-a関係」の場合は推移律が成り立つかどうかと言えば、成り立つが正解である。たとえば、「人間 is-a 哺乳類（人間は哺乳類だ）」「哺乳類 is-a 動物（哺乳類は動物だ）」なら「人間 is-a 動物（人間は動物だ）」と言える。

では、「part-of関係」に推移律は成立するだろうか。

これは難しい問題である。たとえば、東京大学の本郷キャンパスに工学部2号館という建物があるとすると、「工学部2号館 part-of 本郷キャンパス（工学部2号館は本郷キャンパスの一部）」「本郷キャンパス part-of 東京大学（本郷キャンパスは東京大学の一部）」と書くことができる。このとき、当然「工学部2号館 part-of 東京大学（工学部2号館は東京大学の一部）」である。したがって、「part-of関係」にも推移律は成り立ちそうである。

ところが、「親指 part-of 山田太郎（親指は山田太郎の一部）」「山田太郎 part-of 取締役会（山田太郎は取締役会の一部）」なら「親指 part-of 取締役会（親指は取締役会の一部）」が成り立つかというとそうではない。「part-of 関係」では推移律は成立しないのである。

ひと口に「part-of関係」と言っても、実際には、さまざまな関係があることがわかっている。たとえば、自転車と車輪の関係は「車輪 part-of 自転車（車輪は自転車の一部）」だが、自転車のほうは車輪がなくなってしまったら、もはや自転車とは言えない。しかし、車輪のほうは自転車があってもなくても車輪のままだ。

一方、森と木の関係は「木 part-of 森（木は森の一部）」で、森から木を1本抜いても森は森のままで、木も木のまま。「夫 part-of 夫婦（夫は夫婦の一部）」は、夫がなければ妻でないし、妻がなければ夫ではない。「ケーキ（ひと切れ）part-of ケーキ（ホールケーキ）」はどちらもケーキで、どこまで細かく切ってもケーキのままだ。

先ほどの「山田太郎 part-of 取締役会」の例は、「車輪 part-of 自転車」と同じく、全体を文脈とした上で、個々のロール（役割）が決まる。つまり、取締役会という全体の文脈の中で、取締役であるところの山田太郎という部分が位置づけられるので、それとは別の「山田太郎の身体」という文脈で記述される「親指 part-of 山田太郎」と組み合わせることができないのだ。

「part-of 関係」ひとつをとっても、実は細かな違いがある。われわれはこのようなことをいままでに意識したことがあっただろうか。このように、人間が自然に楽々と扱っているような知識でも、コンピュータにとって適切に記述しようと思うと、非常に難しいことが徐々にわかってきたのである。

ヘビーウェイト・オントロジーとライトウェイト・オントロジー

オントロジー研究によって、知識を適切に記述することがいかに難しいかが明らかになり、大きく分けて2つの流派ができた。

私の解釈でざっくり言うと、「人間がきちんと考えて知識を記述していくためにどうしたらよいか」を考えるのが「ヘビーウェイト（重い）・オントロジー」派と呼ばれる立場であり、「コンピュータにデータを読み込ませて自動で概念間の関係性を見つけよう」というのが「ライトウェイト（軽い）・オントロジー」派である。（注21）

ライトウェイト・オントロジー派は、効率性を重視し、完全に正しいものでなくても

図12　ライトウェイト・オントロジー

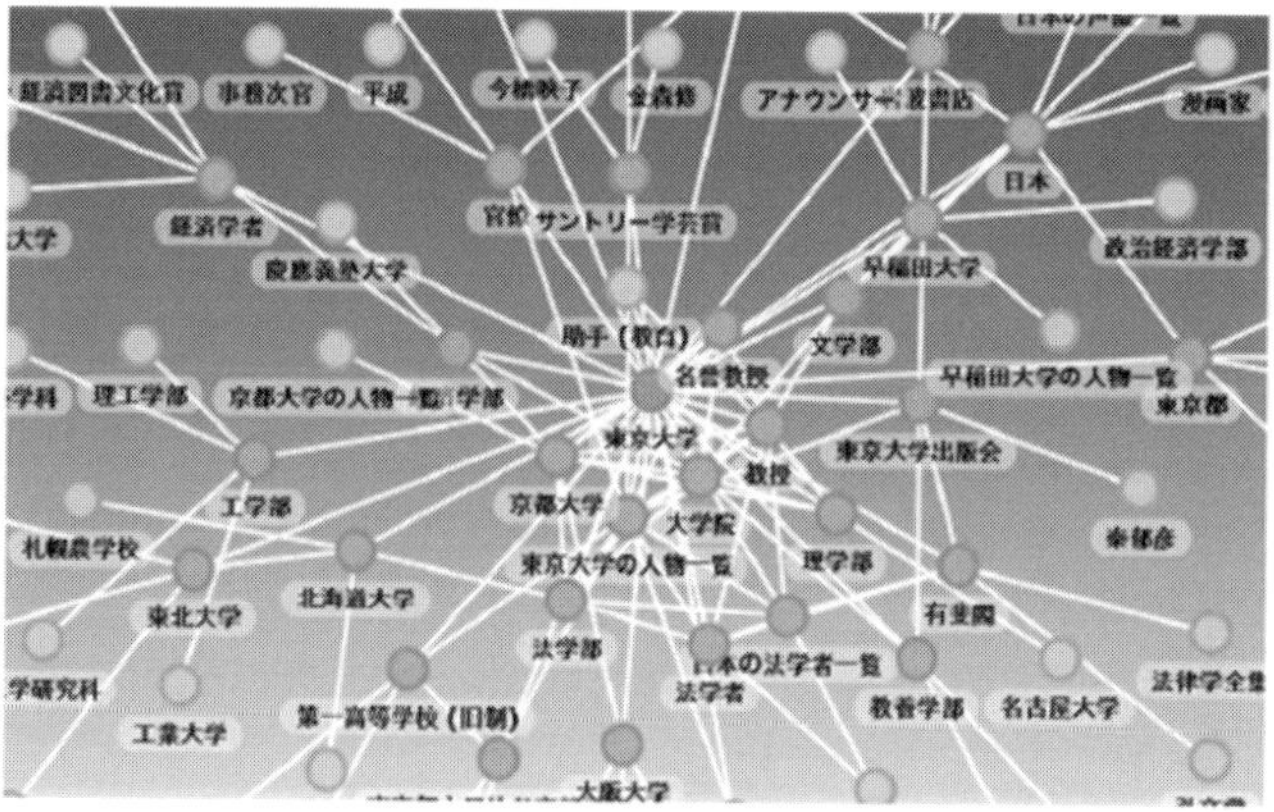

ウィキペディアからの概念間の関係抽出（東京大学・中山浩太郎氏）

使えるものであればよいという、ややいい加減ではあったが、現実的な思想であった。そのため、ウェブデータを解析して知識を取り出すウェブマイニングや、ビッグデータを分析して知識を取り出すデータマイニングと相性がよかった。たとえば、図12は、オンライン百科事典ウィキペディアのどのページからどのページにリンクが張られているかを統計処理し、それを概念同士の関係性として表したものだ。

こうしたオントロジー研究は、セマンティックウェブ、あるいはLinked Open Data（ＬＯＤ）の研究として展開されている。国立情報学研究所教授の武田英明氏、慶應義塾大学理工学部教授の山口高平氏がこの分野を牽引している。

ワトソン

ライトウェイト・オントロジーのひとつの究極の形ともいえるのが、ＩＢＭが開発した人工知能「ワトソン」である。ワトソンは、２０１１年にアメリカのクイズ番組「ジョパディ！」に出演し、歴代のチャンピオン（もちろん人間）と対戦して勝利したことで一躍脚光を浴びた。手法としては、従来からあるクエスチョン・アンサリング（Question-Answering：質問応答）という研究分野の成果である。ウィキペディアの記述をもとにライトウェイト・オントロジーを生成して、それを解答に使っている。

図13で、「本州の中で最も西に位置するこの県は１８７１年に発足した」という問題に対して、まず答えの候補を「広島」「山口」「鳥取」「中国地方」「奥多摩」……のように広くとる。それぞれの候補に対して、質問と「型」が一致するかを見る。「広島」「山口」「鳥取」は「県」なのでよし、「中国地方」「奥多摩」は「県」ではないのでダメである。「最も西に位置する」という条件では、「山口」「中国地方」「奥多摩」がよく、ほかはダメである。そうやって条件をどのくらい満たしているかを足し合わせていくと総合点が出るので、それが一番高い「山口」を選んで答えればよい。

図13　質問応答システム

質問：「本州の中で最も西に位置するこの県は1871年に発足した」
正解：「山口（県）」

観点＼解候補	広島	山口	鳥取	中国地方	奥多摩
観点＼解候補で型が一致する?（「県」である）	○	○	○	×	×
条件の一部が一致?（最も西にある）	×	○	×	○	○
時間表現が共通?（1871年の記述を含む）	×	○	×	○	×
該当する語句へのリンクの数（多いほうがよい）	1300	500	200	150	10
総合点（確信度）	2%	92%	20%	6%	0%

質問応答システム「ワトソン」が示す未来，ProVISION, 2011

　つまり、ワトソン自体は質問の意味を理解して答えているわけではなく、質問に含まれるキーワードと関連しそうな答えを、高速に引っ張り出しているだけである。人間のクイズ王と違って、質問文を理解して答えているわけではない。質問応答システムは長く研究されている分野で、機械学習が取り入れられて進化しているものの、基本的な技術は従来とあまり変わらない。ただ、精度を出すためのひたすら地道な努力の結晶である。

　ワトソンの研究開発を長い間行ってきたＩＢＭだが、ＩＢＭの人工知能プロジェクトには、いつも驚かされる。（注22）ＩＢＭのディープブルーがチェスの世界チャンピオンに勝利したのが１９９７年、ワトソンがクイズ番組のチャンピオンに勝利したのが２０１１年。どちらもコンピュータが人間を打ち負かす画期的な出来事として歴史に刻まれているが、それぞれ第１次、第２次ＡＩブームの研究成果を現代風にアレンジしたものともいえる。

ＩＢＭはワトソンを医療診断に応用するとしているが、全米が注目するクイズ番組で、人間のチャンピオンを打ち負かすことで、ワトソンの〝偉業〟は一気に浸透した。そして「シェフ・ワトソン」という新しい料理のレシピを考えるような応用にも挑戦している。そのあたりの戦略のうまさは、さすがである。

日本でも目を引くプロジェクトが立ち上がっている。ロボットは東大に入れるか。２０２１年までに東大入試合格を目指す人工知能「東ロボくん」のプロジェクトである。２０１４年11月に行われた全国センター模試の結果、偏差値は前年の45・１を上回る47・３となり、全国の私大の８割に当たる４７２大学で合格可能性が８割以上の「Ａ判定」が出たと話題になった。

歴史や地理などの暗記科目では、ワトソンと近いが、理科や数学になると、図形やグラフを読み取ったりするため、画像処理系の技術も必要だ。東ロボくんは「総合格闘技」と言えるかもしれない。（注23）

１９７０年代初頭のマイシンの時代からすでに40年、さまざまなデータからライトウエイト・オントロジーを生成して質問に答える環境は整ってきた。いまなら医療診断もかなり実用的なレベルで実現できるはずだ。

質問応答システムによる診断が普及すれば、医師の絶対数が不足している地域や遠隔地、途上国での応用も考えられる。こうした技術による変化は、少しずつ世の中を変えていくのかもしれない。

機械翻訳の難しさ

ここまで述べてきたように、第2次ＡＩブームは、「知識」を入れることで人工知能の能力向上を図ってきた。しかし、ワトソンの性能がどれだけ上がったように見えたとしても、質問の「意味」を理解しているわけではない。コンピュータにとって、「意味」を理解するのはとても難しい。ここでは、その難しさの象徴となるようなものをいくつか紹介しよう。

機械翻訳は、人工知能が始まって以来、数十年にわたって研究されているが、困難な課題のひとつである。１９９０年代からの「統計的自然言語処理」によって、性能は大きく向上した。グーグル翻訳などはすばらしい技術ではあるが、それでも、翻訳の精度はまだ実用に耐えるものではない。コンピュータが勝手に翻訳してくれるようになれば、日本人も英語の勉強にこんなに苦労しなくてすむのだが、機械翻訳というのは、非常に難易度が高い技術である。

何がそれほど難しいのだろうか。たとえば、こんな例文を考えてみよう。

「He saw a woman in the garden with a telescope.」

（逐語訳をすると「彼　見た　女性　庭の中で　望遠鏡で」となる）

たいていの人は、これを「彼は望遠鏡で、庭にいる女性を見た」と訳す。読者の方もおそらくそう読んだのではないかと思う。

ところが、実は、この解釈は文法的には一意に定まらないのである。庭にいるのは彼なのか、それとも女性なのか。望遠鏡を持っているのは彼なのか、女性なのか。実際、グーグル翻訳では、「彼は望遠鏡で庭で女性を見た」と訳される。庭にいたのは女性ではなく彼だと解釈している。ところが、人間にとっては、これはちょっと不自然である。何となく「彼は望遠鏡で景色を見ていたところ、たまたま庭にいる女性を見つけて心惹《ひ》かれている」というシチュエーションが思い浮かぶ。だから、「女性は庭に」いなくてはいけないし、「彼は望遠鏡で」覗《のぞ》き見していないといけないのである。

なぜ人間にわかるのかといえば、それまでの経験から「何となくそのほうがありそうだ」と判断しているだけで、説明するのは難しい。これをコンピュータに教えようとすると、「望遠鏡で覗いているのは男性のほうが多い」、あるいは「庭にいるのは女性のほうが多い」というような知識を入れるしかない。

この場合だけに対処すればいいのであれば簡単だが、同じことがあらゆる場面で発生する。庭ではなく、山にいるのは男性が多いのか女性が多いのか。川にいるのは男性が多いのか女性が多いのか。あるいは、外国人が庭にいるのは不自然なのかそうでないのか。相撲取りが庭にいるのは不自然なのかそうでないのか……。そうしたあらゆる事態を想定して、必要となる知識を入れる作業がいかに膨大で、いかにばかげたことか、容易に想像できるだろう。

単純な1つの文を訳すだけでも、一般常識がなければうまく訳せない。ここに機械翻訳の難しさがある。一般常識をコンピュータが扱うためには、人間が持っている書ききれないくらい膨大な知識を扱う必要があり、きわめて困難である。コンピュータが知識を獲得することの難しさを、人工知能の分野では「知識獲得のボトルネック」という。

フレーム問題

フレーム問題は、人工知能における難問のひとつとして知られている。もともとは人工知能の大家の一人、ジョン・マッカーシー氏の議論から始まっているが、哲学者のダニエル・デネット氏が考案した例を記載しよう。

洞窟の中にロボットを動かすバッテリーがあり、その上に時限爆弾がしかけられている。ロボットは、バッテリーを取ってこなければバッテリー切れで動けなくなってしまうため、洞窟からバッテリーを取ってくることを指示された。研究者たちは、このためにロボットを設計した。

ロボット1号は、バッテリーを洞窟から取ってくることができた。しかし、ロボットはバッテリーの上に載っている時限爆弾も一緒に取ってきてしまった。時限爆弾が載っていることは知っていたが、バッテリーを持ち出すと爆弾も一緒に運び出してしまうことは知らなかった。そして、洞窟から出た後に爆弾が爆発してしまった。

研究者たちは、ロボット1号に改良を加え、ロボット2号をつくった。バッテリーを持ち出したときに、爆弾も一緒に持ち出すかどうかを判断させるため、「自分が何かをしたら、その行動に伴って副次的に起こること」も考慮するように改良された。すると、ロボット2号はバッテリーを前にして考え始めた。「自分がワゴンを引っ張ったら壁の色が変わるだろうか」「天井が落ちてこないか」……。ありとあらゆる事象が起こるかどうかを考えたせいで、時間切れで、時限爆弾が爆発して、ロボット2号も壊れてしまった。

そこで、ロボット3号には、さらに改良が加えられた。今度は、「目的を遂行する前に、無関係な事項は考慮しないように」改良された。すると、ロボット3号は関係あることとないことを仕分ける作業に没頭して、無限に思考し続け、洞窟に入る前に動作しなくなった。「壁の色は今回の目的と無関係だろうか」「天井が落ちるかどうかは今回の目的と無関係だろうか」……。目的と無関係な事項も無限にあるため、それらをすべて考慮することに無限の時間がかかったためである。

このように、フレーム問題は、あるタスクを実行するのに「関係ある知識だけを取り出してそれを使う」という、人間ならごく当たり前にやっている作業がいかに難しいかを表している。(注24)

シンボルグラウンディング問題

フレーム問題と並んで、人工知能の難問のひとつとされるものに、シンボルグラウンディング問題がある。認知科学者のスティーブン・ハルナッド氏により議論されたもので、記号（文字列、言葉）をそれが意味するものと結びつけられるかどうかを問うものである。コンピュータは記号の「意味」がわかっていないので、記号をその意味するものと結びつけることができない。

たとえば、シマウマを見たことがない人がいたとして、その人に「シマウマという動物がいて、シマシマのあるウマなんだ」と教えたら、本物のシマウマを見た瞬間、その人は「あれが話に聞いていたシマウマかもしれない」とすぐに認識できるだろう。人間はウマの意味とシマの意味がわかっているからである。ウマというのは、タテガミがありヒヅメがあってヒヒンと鳴く4本足の動物というイメージが人間にはある。シマシマというのは、色の違う2つの線が交互に出てくる模様だということもわかっている。したがって、それを組み合わせた「シマシマのあるウマ」もすぐに想像できるのだ。

ところが、意味がわかっている人間にはごく簡単なことが、意味がわかっていないコンピュータにはできない。シマウマが「シマシマのあるウマ」だということは記述できても、ただの記号の羅列にすぎないので、それが何を指すかわからない。初めてシマウマを見ても、「これがあのシマウマだ」と認識できない。つまり、シマウマというシンボル（記号）と、それを意味するものがグラウンドして（結びついて）いないことが問題なのだ。(注25)これをシンボルグラウンディング問題という。

ロボット研究者の中には、このシンボルグラウンディング問題を、知能を実現する上で非常に重要な問題だと考えている人もいる。ウマというものを本当に理解するには、現実世界における身体がないといけない。身体がないと、シンボルとそれが指すものを接地させる（グラウンドさせる）ことができないため、こういったアプローチは「身体性」に着目した研究と呼ばれる。

たとえば、コップというものをきちんと理解するには、コップを触ってみる必要がある。ガラスや陶器のコップは強く握ると割れてしまうし、そういうことも含めて「コップ」という概念がつくられている。「外界と相互作用できる身体がないと概念はとらえきれない」というのが、身体性というアプローチの考え方である。

時代を先取りしすぎた「第五世代コンピュータ」

このように、第2次ＡＩブームでは知識が主役となって発展したが、同時に、知識を記述することの難しさがわかってきた。その間、日本では通商産業省（現経済産業省）が主導した巨大プロジェクト、「第五世代コンピュータ」が立ち上がった。

１９８０年代の後半、当時の時代背景として、日本経済はバブル景気にわきかえっていた。アメリカの対日貿易赤字がふくらみ、日米貿易摩擦が起きて、日本の産業界はアメリカからさまざまな圧力を受けていた。そういう時代に、国の威信をかけた国家プロジェクトとして、「第五世代コンピュータ」の開発が行われたのである。

当時の研究のプロポーザル（提案資料）を見ると、非常に野心的なプロジェクトが並んでいる。コンピュータの性能が低く、まだテキストも満足に扱えなかった時代に、音声や画像、動画も扱い、その知識を整理してホワイトカラーの生産性を向上させるなど、いま見ても遜色ないような先進的な目標を掲げていたことがわかる。

ただ、当時は「データ」がなかった。オープンに利用可能なデータが爆発的に増えたのは、インターネットの登場後である。ウェブが普及するのは１９９０年代後半からで、グーグルの創業は１９９８年である。利用可能なデータがなかったため、推論をもっと強化することで人間のような知的な処理ができるのではないかという仮説に立ち、並列に推論する仕組みの研究に邁進するのだが、その方向では結局、思ったような成果は得られなかった。

「第五世代コンピュータ」は１９８２年から10年間にわたり、５７０億円が投じられた国家プロジェクトだったが、当初の目論見通りにはいかなかった。だが、人工知能研究に優秀な人材が集まり、海外からも有名な研究者を招いてコネクションができた。

歴史に「たられば」はないが、もしウェブの出現があと15年早かったら、いまのシリコンバレーの座には、日本がついていたかもしれないと私は夢想する。経済成長にわいた日本のあのプロジェクトは、それくらい先進的な目標を掲げていた。

結果については賛否両論あるが、「第五世代コンピュータ」プロジェクトはあの時代、確実に、「勝つために振る価値のあるサイコロ」だった。世界ナンバーワンをとろうという強い意志とそのための戦略。当時の資料を読むと、それが伝わってくる。いまの日本に最も欠けている部分だ。(注26)

そして第2次AIブームが終わった

第2次ＡＩブームでは、知識を入れるとコンピュータはたしかに賢くなった。その結果、産業的にもある程度は使えることがわかった。しかし、知識を書くということは、予想以上に大変で、なかなか書ききれない。

大変というだけなら、大企業がお金をかければやれないこともないのだろうが、サイクプロジェクトのように何十年たっても書き終わらない例を見ると、またオントロジー研究の深遠さや機械翻訳の困難さを見ると、知識を書ききるというのはほとんど不可能に思える。フレーム問題やシンボルグラウンディング問題の存在も、人工知能の実現に大きな疑問符を提示している。

結局、ＡＩは夢物語なのかもしれない。

多くの人がそう思った。人工知能研究者ですらそう思った。悲観的な観測が広がり、1995年ごろから、ふたたびAI研究は冬の時代を迎えてしまう。(注27)

私が人工知能を学んだ学生時代は、まさに、第五世代コンピュータプロジェクトと、その後継であったRWC（リアルワールドコンピューティング）プロジェクトが終わった直後だった。日本では、人工知能に対する期待が高かっただけに、逆に冬の寒さも厳しかった。人工知能という言葉が忌避され、人工知能に対する風当たりはきわめて強かった。

本書の「はじめに」で紹介したように、研究費の審査で面接官に「人工知能研究者はいつも嘘をつく」と言われたのは、そうした時代背景もあってのことである。

（注19）もちろんSiriには、その後に脈々と続く対話システムの研究成果がたくさん取り入れられている。2000年代、スタンフォード大学をはじめ、米国のたくさんの大学が連携したCALOというプロジェクトの成果がベースになっている。

（注20）溝口理一郎『オントロジー工学』（オーム社、2005年）

（注21）より厳密には、ヘビーウェイト・オントロジーは哲学的な考察に基づき対象世界を適切にとらえることを重視したもので、ライトウェイト・オントロジーは情報論的な利用効率を

重視したものである。

（注22）ＩＢＭの社内では、つねにこうした大型のプロジェクトを複数走らせ、厳密に管理しているそうである。その努力には頭が下がる。

（注23）日本ではほかにも、「２０５０年に人型ロボットでワールドカップチャンピオンに勝つことを目指し」、１９９５年ごろからロボットがサッカーをする「ロボカップ」などの魅力的なプロジェクトが立ち上がっている。

（注24）特に、一階述語論理などの形式論理を使って知識を表現しようと思うと、この問題は致命的であった。

（注25）ちなみに、オリジナルの論文でもシマウマの例が出ているが、英語でシマウマは「zebra」、シマは「stripe」、ウマは「horse」なので、「zebra=stripe+horse」と説明されている。日本語の場合、「シマウマ」は文字列として「シマ」と「ウマ」からできているので、いかにも自明な感じがして、例としては少し具合が悪い。

（注26）第五世代コンピュータプロジェクトについては、人工知能学会誌『人工知能』２０１４年３月号で特集を組んで振り返っている。

（注27）日本では第五世代コンピュータプロジェクトの影響などもあり、冬の時代は１９９５年ごろからとされる。海外ではさらに早く、１９８７年くらいからとされている。

第4章

「機械学習」の静かな広がり
―― 第３次ＡＩブーム①

データの増加と機械学習

第2次AIブームでは、「知識」をたくさん入れれば、それらしく振る舞うことはできたが、基本的に入力した知識以上のことはできない。そして、入力する知識は、より実用に耐えるもの、例外にも対応できるものをつくろうとするほど膨大になり、いつまでも書き終わらない。根本的には、記号とそれが指す意味内容が結びついておらず、コンピュータにとって「意味」を扱うことはきわめて難しい。

こうした閉塞感の中、着々と力を伸ばしてきたのが「機械学習（Machine Learning）」という技術であり、その背景にあるのが、文字認識などのパターン認識の分野で長年蓄積されてきた基盤技術と、増加するデータの存在だった。ウェブに初めてページができたのが1990年、初期の有名なブラウザ「モザイク」ができたのが1993年、グーグルの検索エンジンができたのが1998年、顧客の購買データや医療データなどのデータマイニングの研究が盛んになり、国際的な学会ができたのが同じ1998年。(注28)

特に、ウェブ上にあるウェブページの存在は強烈で、ウェブページのテキストを扱うことのできる自然言語処理と機械学習の研究が大きく発展した。

その結果、統計的自然言語処理（Statistical Natural Language Processing）と呼ばれる領域が急速に進展した。これは、たとえば、翻訳を考えるときに、文法構造や意味構造を考えず、単に機械的に、訳される確率の高いものを当てはめていけばいいという考え方である。

従来の言語学で研究されてきた文法に関する知識や、文の伝えようとする意味をきちんと把握して訳すのではなく、対訳コーパスという日本語と英語が両方記載された大量のテキストのデータを使って、「英語でこういう単語の場合は日本語のこの単語に訳される確率が高い」「英語でこういうフレーズの場合は日本語のこういうフレーズに訳される場合が多い」と単純に当てはめていくのである。

こうして、従来の推論や知識表現とやや異なる分野で、既存のデータを所与のものとして、それを活用する研究として、機械学習の研究が進んでいた。グーグルは、まさにこの統計的自然言語処理の権化《ごんげ》のような企業であり、創業から10年ほどで急成長を遂げた。グーグルが10万ドルの資金を元手に創業したのが１９９８年、２００４年に上場した際の時価総額は２３０億ドル、そして２０１４年には３５００億ドル（42兆円）となり、トヨタ自動車の２０００億ドル（24兆円）を大きく上回る。

「学習する」とは「分ける」こと

機械学習とは、人工知能のプログラム自身が学習する仕組みである。

そもそも学習とは何か。どうなれば学習したといえるのか。学習の根幹をなすのは「分ける」という処理である。ある事象について判断する。それが何かを認識する。うまく「分ける」ことができれば、ものごとを理解することもできるし、判断して行動することもできる。「分ける」作業は、すなわち「イエスかノーで答える問題」である。

たとえば、あるものを見たときに、それが食べられるものかどうか知りたい。これは、「イエス・ノー問題」である。あるものが、ケーキなのか、お寿司なのか、うどんなのか知りたい。これは、3つの「イエス・ノー問題」が組み合わさったものと考えることができる。ある人にお金を貸していいのか、ある案件にゴーサインを出していいのか、あるユーザーにこの広告を出していいのか、こういった「判断」は、すべて「イエス・ノー問題」に帰着する。

もともと、生物は生存のために世界を分節する。食べられるか食べられないか。敵か味方か。雄か雌か。われわれ人間はより高度な知能を持っているので、非常に細かく、一見すると無意味なくらい、世界を分節している。

このように、人間にとっての「認識」や「判断」は、基本的に「イエス・ノー問題」としてとらえることができる。この「イエス・ノー問題」の精度、正解率を上げることが、学習することである（ここで言っているのは「分類」だが、ほかにも「回帰」などのタスクもある）。

機械学習は、コンピュータが大量のデータを処理しながらこの「分け方」を自動的に習得する。いったん「分け方」を習得すれば、それを使って未知のデータを「分ける」ことができる。いったん「ネコ」を見分ける方法を身につければ、次からはネコの画像を見た瞬間、「これはネコだ」と瞬時に見分けられるということだ。

教師あり学習、教師なし学習

機械学習は、大きく「教師あり学習」と「教師なし学習」に分けられる。（注29）

「教師あり学習」は、「入力」と「正しい出力（分け方）」がセットになった訓練データをあらかじめ用意して、ある入力が与えられたときに、正しい出力（分け方）ができるようにコンピュータに学習させる。

通常は、人間が教師役として正しい分け方を与える。たとえば、文書分類であれば、与えるべきものは、この文書は「政治系」、この文書は「経済系」といった文書のカテゴリになる。画像認識であれば、この画像は「ヨット」、この画像は「花」といった具合である。ロイター通信のデータセット(注30)というのが有名で、2万個の新聞記事のデータに135個のカテゴリが付与されているものが文書分類の研究ではよく使われる。

一方、「教師なし学習」は、入力用のデータのみを与え、データに内在する構造をつかむために用いられる。データの中にある一定のパターンやルールを抽出することが目的である。

全体のデータを、ある共通項を持つクラスタに分けたり(クラスタリング)、頻出パターンを見つけたりすることが代表的な処理である。たとえば、あるスーパーマーケットの購買データから、遠くから来ていて平均購買単価が高いグループと、近くから来ていて平均購買単価が低いグループを見つけるといったことが、クラスタリングである。また、「おむつとビールが一緒に買われることが多い」ということを発見するのが頻出パターンマイニング、あるいは相関ルール抽出と呼ばれる処理である。

「分け方」にもいろいろある

「分ける」という作業をもう少し掘り下げてみよう。図14を見てほしい。

図14　新聞記事を分類する

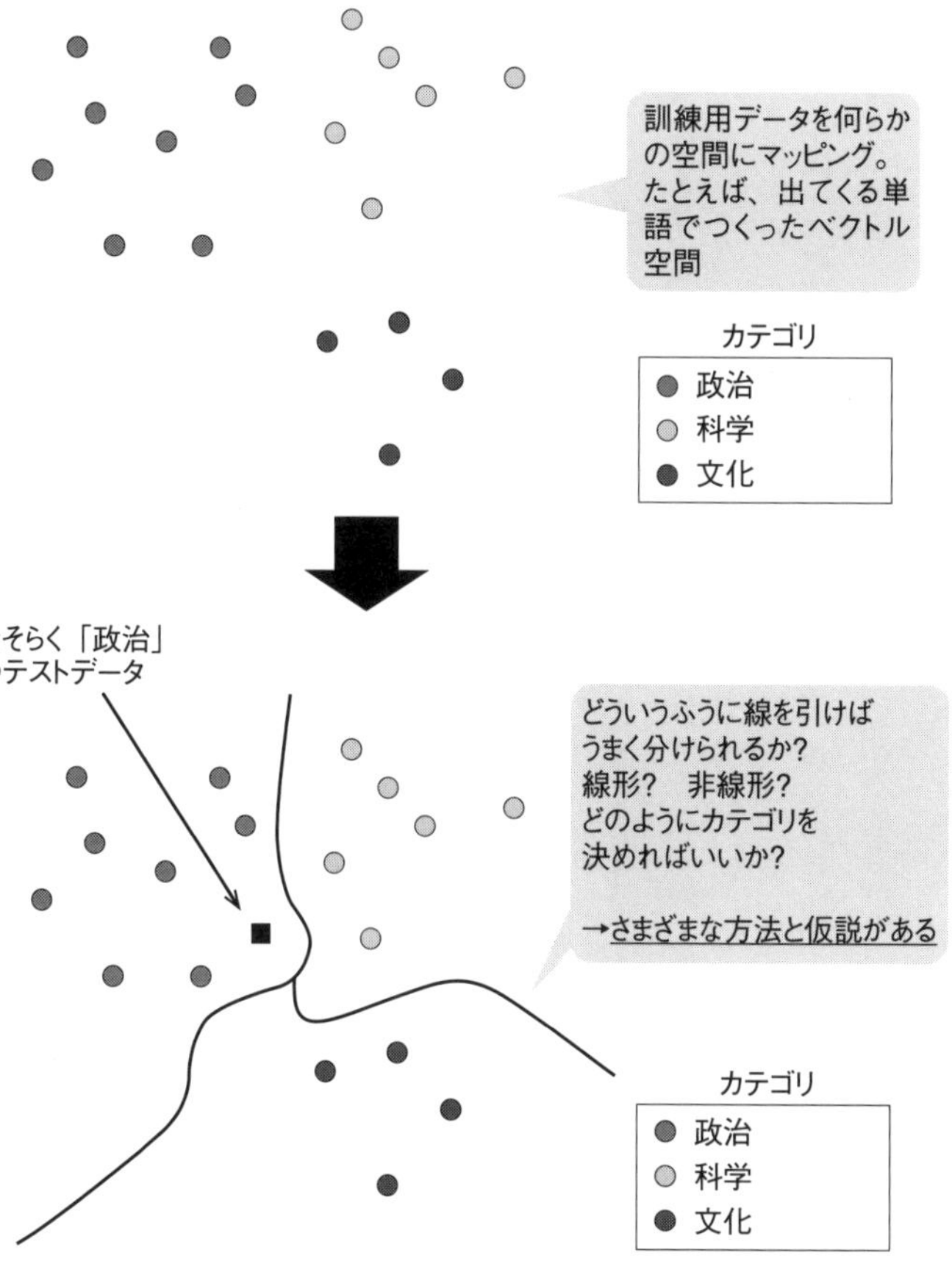

新聞記事をカテゴリに分けることを考える。まずはコンピュータに訓練用のデータを読み込ませて、記事に出てくる単語をもとに、何らかの空間をつくる。たとえば、記事に出てくる単語から最も頻出するものを100個選んで、それで100次元の空間をつくると、1つの記事は、この空間上の1つの点として表すことができる。この空間では、同じ単語が出てくる記事は近くに、出てこない記事は遠くになるようにマッピングされる。

新聞記事には、「政治」「科学」「文化」というカテゴリがつけられているとしよう。ひと通りマッピングが終わったら、次に、新しいテストデータを読み込ませて、どのカテゴリに分類されるかを見る。下の図の真ん中の■がテストデータだったとして、これが3つのカテゴリのうちのどこに分けられるか。図のように線引きされていれば、テストデータは「政治」に分類されるだろう。この線をどのように引くかによって、分け方が変わる。つまり、「分ける」ということは、分けるための「線を引く」ことと同じなのである。[注31]

最終的に、「国」「政府」「予算」「行政」「与党」などの単語が出てきたら「政治」、「宇宙」「物理」「生命」「細胞」「コンピュータ」などの単語が出てきたら「科学」、「音楽」「美術」「絵」「彫刻」「アニメ」などの単語が出てきたら「文化」といった具合に、コンピュータが学習してくれたらOKだ。線の引き方にはいろいろな方法があり、それぞれ異なる仮説に基づいている。ここでは代表的な分類のしかたを5つ紹介する。

①最近傍法

最近傍法《さいきんぼうほう》（Nearest neighbor）というのは、線を引くというよりももっと素朴な方法で、文字通り「一番近い隣を使う」ということだ。これは、一番近いデータのカテゴリが当てはまる確率が高いはずだという仮説に基づいている。

図14の例では「政治」の文書が最も近いので、テストデータも「政治」だろうと判断する。しかし、単純な分、ノイズに影響されやすく、「政治」のかたまりの中にたまたま「文化」に分類される記事が紛れ込んだとすると、その周辺は「文化」に分類されてしまう。

②ナイーブベイズ法

ナイーブベイズ法（Naive Bayes）は、確率に関する有名な定理である「ベイズの定理」を使って分ける方法で、データの特徴ごとにどのカテゴリに当てはめるのかを足し合わせていく。たとえば、記事に「与党」という単語が入っていたとすると、カテゴリの分類にどう役立つだろうか。「与党」という単語が入っていると、おそらく「政治」の記事である強い証拠になる。これは確率的には次のように考えられる。

すべてのカテゴリの記事に「与党」という単語が含まれる確率と、政治カテゴリに「与党」という単語が含まれる確率を比べる。この確率の比が、たとえば「1：10」だとすると、政治カテゴリに log（10/1）、つまり1ポイント追加する。この比が極端であるほど高い点数が入る。これを、調べたい記事中に含まれるすべての単語で試し、最終的な「政治」カテゴリの点数、「科学」カテゴリの点数、「文化」カテゴリの点数を計算し、最も高いものと判定するというものである。

ナイーブベイズは企業の採用活動を思い浮かべるとわかりやすい。志望している学生を、採用するかしないかという2つのカテゴリに分類する。学歴や職歴、資格の有無、TOEICの得点、所属サークルなど、それぞれの特徴に基づいて点数を積み上げていく。最終的にそれらの総合得点で、「採用するかしないか」のどちらに属するかが決まる。つまり、採用すべき人が持つ属性を考えながら、得点をつけていくということである。こうしたやり方は、差別とみなされてしまう可能性もあるので注意が必要だが、属性に基づいて評価するナイーブベイズ法は、うまく使えば合理的でわかりやすい。

たとえば、迷惑メールを分離するスパムフィルターでも、一つひとつのキーワードがどのくらい「迷惑メール度合いを持つか」だけを数値として持っておけばいいので、大規模に適用できる。そのため、さまざまなシーンで実用化されている。

③決定木

決定木《き》は、ある属性がある値に入っているかどうかで線引きをする。「与党」という単語が入っている集合と入っていない集合に分ける、「国会」という単語が入っている集合と入っていない集合に分ける、「与党」も「国会」も入っていれば「政治」カテゴリというように、質問のツリーを自動的につくる。最初に来る質問は「情報量が多いもの」、つまり、その単語が入っているかどうかを聞くことで、どのカテゴリかがだいたいわかるもの（つまりカテゴリごとの偏りが多いもの）が自動的に選ばれる。(注32)

これも採用にたとえると、過去に採用した人の傾向から○×に分かれるツリーをつくる。体育会系の人であれば、キャプテンや部長をしていれば○、そうでなければ、ほかに目立った活躍があれば○、そうでなければ×、ということを繰り返す。人間にとってはわかりやすいが、複数の属性を組み合わせた条件をつくることができない、つまり空間を「ななめ」に切ることができないので、精度はそれほど高くない。

④サポートベクターマシン

サポートベクターマシン（Support Vector Machine）は、ここ15年くらい流行っていた方法で、マージン（余白）を最大にするように分ける。白と黒の点を分けたいのであれば、白から見ても黒から見ても、最も距離が離れたちょうど真ん中で領土を分けようということだ。図14の例で言うと、「政治」の端にある点と「科学」の端にある点のちょうど真ん中をつないで線を引いていくと、各カテゴリの境界にある点からの距離は等しくなり、マージンは最大になる。

実際にサポートベクターマシンの精度は高く、よく用いられてきた。ただし、大きなデータを対象としたときは、計算に時間がかかってしまうという欠点もある。

⑤ニューラルネットワーク

ニューラルネットワーク（Neural network）は、これまでの手法と少し異なっている。いままでの方法が、純粋に機械学習の分けるという「機能」をエレガントな方法で実現しようとしているのに対し、ニューラルネットワークは、人間の脳神経回路をまねすることによって分けようというものである。

人間の脳はニューロン（神経細胞）のネットワークで構成されていて、あるニューロンはほかのニューロンとつながったシナプスから電気刺激を受け取り、その電気が一定以上たまると発火して、次のニューロンに電気刺激を伝える。これを数学的に表現すると、あるニューロンがほかのニューロンから0か1の値を受け取り、その値に何らかの重みをかけて足し合わせる。それがある一定の閾値《しきいち》を超えると1になり、超えなければ0になる。それがまた次のニューロンに受け渡されるという具合である。

ニューラルネットワークをモデル化したのが次ページの図15で、各ノードがシナプスを模している。下の層のニューロンから受け取った値をかけ合わせ、その和をシグモイド関数にかけて出力する。シグモイド関数は「オン・オフ」を数学的に扱いやすいようにするための関数で、この場合は0・1なので、ほとんど発火していない（オフ）状態である。つまり、次のニューロンへの影響は小さい。

一連の流れの中で肝となるのは重みづけで、人間のニューロンが学習によってシナプスの結合強度を変化させるように、学習する過程で重みづけを変化させ、最適な値を出力するように調整することで、精度を高めていく。

機械学習では、どんなデータを用意するか、どのように正しい出力（正解データ）を用意するか、この2つの組み合わせによって、いくらでも新しい仕事をさせることがで

図15　ニューロンのモデル化

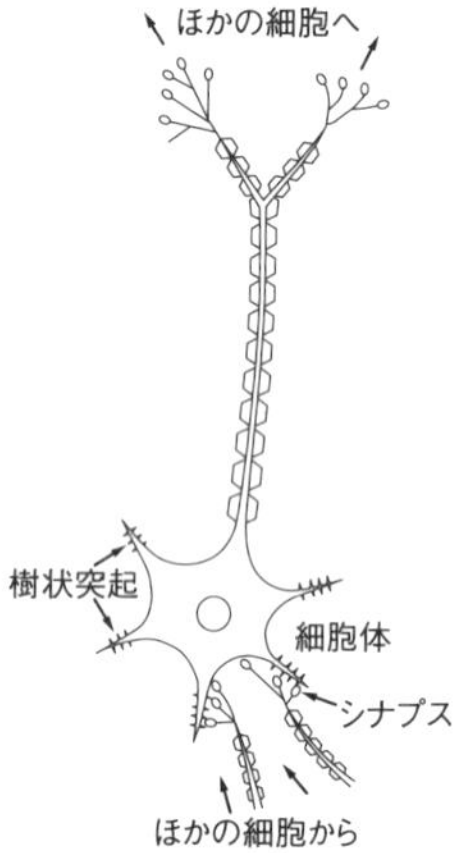

人間のニューロン

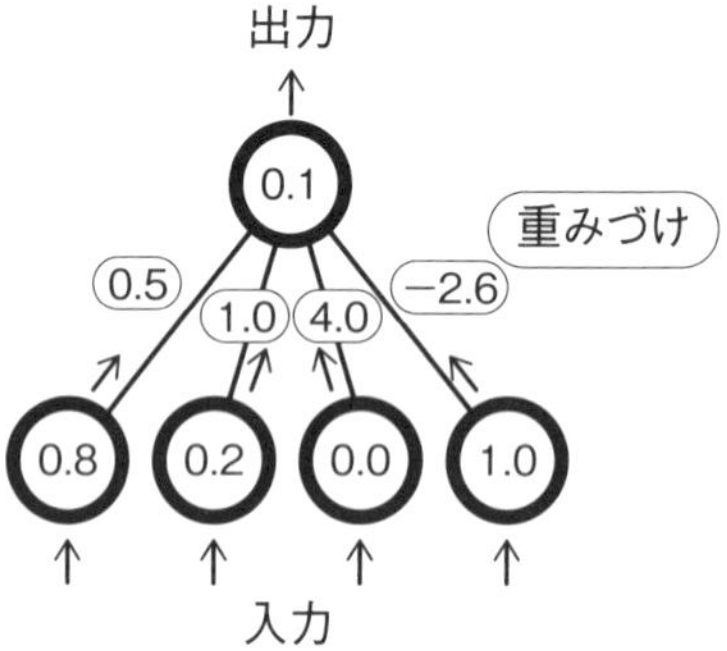

0.8×(0.5)+0.2×(1.0)+0.0×(4.0)+1.0×(−2.6)=−2.0

シグモイド関数（−2.0）=0.1なので、出力は0.1

↑ほとんど発火していない状態

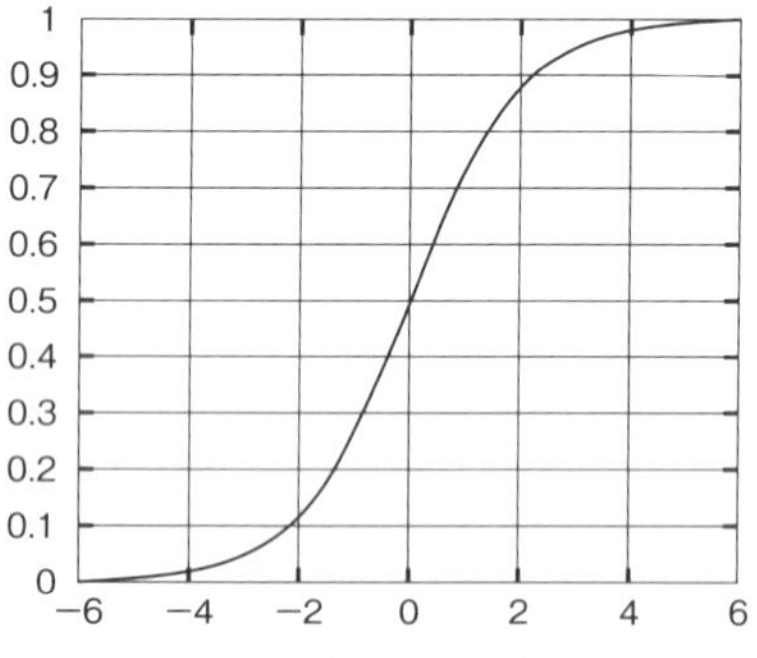

シグモイド関数

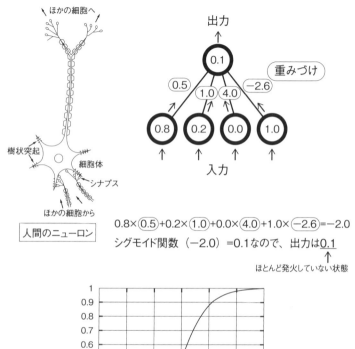

きる。たとえば、こんな問題だ。

・お金を借りたい人の経済状況と返済するかどうか
・ある文書がわいせつかそうでないか
・ある画像に不審人物が写っているかどうか
・ある人の成績と、その人が大学に合格するかどうか
・ある顧客の情報と、その人が得意客になるかどうか

実際、私の研究室では、新入生に自分の好きなデータで分け方をコンピュータに学習させて、自動的に分類せよという課題を出している。自分の出身地の飲食店の良し悪しを学習するプログラムをつくる人もいれば、自分が好きなアイドルの画像を判定させようとする人までさまざまだ。

ニューラルネットワークで手書き文字を認識する

機械学習の有望な分野のひとつとして、ニューラルネットワークについて、もう少し掘り下げたい。

これまで、機械学習の分野は、自然言語処理、構造化されたデータ、画像や音声などのマルチメディア、ロボットなどの領域で研究されてきた。中でも、ウェブの登場以降は、自然言語処理と機械学習ががっちりタッグを組んで進んできた印象がある。ところが、最近のブレークスルーは、画像認識の分野から起こった。したがって、ここでは画像における機械学習を例にとってみよう。

よく使われる例が手書き文字認識である。手書き文字認識とは何かというと、郵便局の郵便番号の自動読み取りで使われるようなものだ。図16の左下の図のように、同じ「3」でもゆがんだり曲がったり、伸びたり縮んだりしているが、人間ならこの程度の表記のゆらぎは難なく「3」だと判別できるだろう。ところが、これがコンピュータには難しい。どういう画像なら「3」で、どういう画像なら「8」なのか、あるいは「5」なのか、ということを明示的にルールとして与えることは難しいからである。

手書き文字を正しく認識できるようになるための訓練用データとして、0から9までの10個の数字をいろいろな手書き文字で表現したMNIST《エムニスト》というデータセットがある。画像認識の世界ではよく使われる標準的なものだ。

このデータセットでは、一つひとつの手書き数字は28ピクセル×28ピクセル＝784ピクセルの画像となっている（画像のデータとしてはとても小さい）。この画像が7万

図16　手書き文字認識

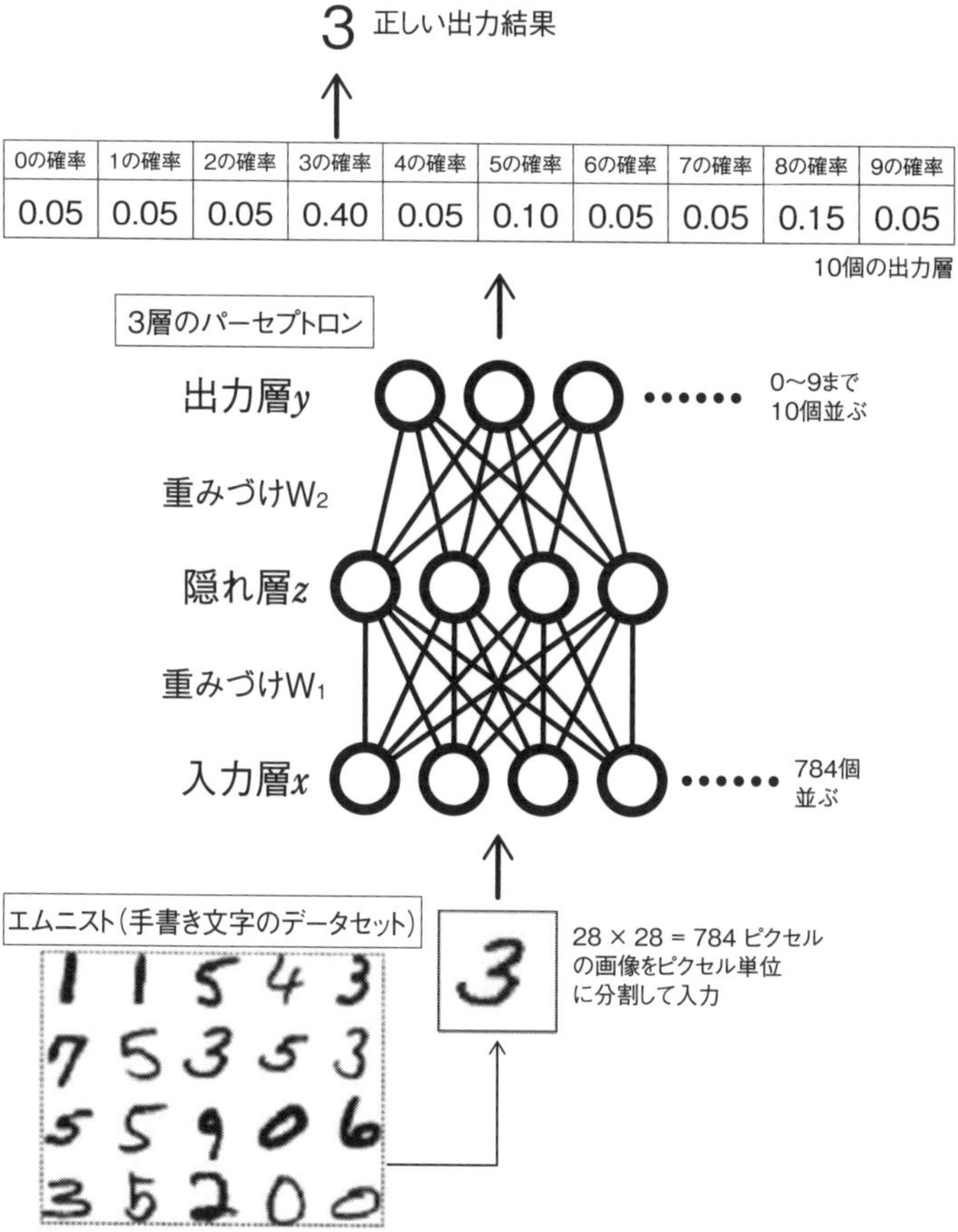
3 正しい出力結果
0の確率 1の確率 2の確率 3の確率 4の確率 5の確率 6の確率 7の確率 8の確率 9の確率
0.05 0.05 0.05 0.40 0.05 0.10 0.05 0.05 0.15 0.05
10個の出力層
3層のパーセプトロン
出力層y
0〜9まで
10個並ぶ
重みづけW2
隠れ層z
重みづけW1
入力層x
784個
並ぶ
エムニスト（手書き文字のデータセット）
28 × 28 = 784 ピクセル
の画像をピクセル単位
に分割して入力

枚あって、それぞれどの数字に該当するのかという正解ラベルがつけられている。この画像をピクセル単位に分解してニューラルネットワークに読み込ませる。入力層と出力層の間にあるのが隠れ層であり、入力されたデータは、入力層から隠れ層、隠れ層から出力層へと出力される。ニューラルネットワークの出力層では、0から9までに対応する10個のニューロンがあり、それぞれ値が出力される。図の場合は、「3」である確率が「0・40」となって一番高いので、この手書き文字は「3」であると判定することになる。

ちなみに機械学習の研究の世界では、多くの研究者がエムニストのような共通のデータセットを使う。なぜなら別々のデータを使っていると、よいアルゴリズムができたのか、たまたまデータがよかっただけなのか、わからないからだ。そして、学習をする方法、テストをする方法についても、標準的なやり方がある。

エムニストのデータを使って学習する際は、たとえば「3」の画像を入力し、もし間違って「8」と判定した場合は、「入力層」と「隠れ層」をつなぐ部分の重みのW_1、「隠れ層」と「出力層」をつなぐ部分の重みのW_2の値を変えて、正しい答えが出るように調整を加える。要するに、1つ前の図15の重みづけの数字（図中で楕円で示した数字）を少しずつ変化させて、正しい答えになるように調整するのだ。

この重みづけは、いってみれば、ニューロン同士をつなぐ線の太さである。この線の数はとても多く、隠れ層が仮に100個だとすると、784×100+100×10で合計約8万個ある。この膨大な数の重みづけを変えれば、切り取られる空間の形が変わる。そのうちの、ある切り取り方が、数字の「3」を表すことになる。つまり、約8万個ある重みづけをうまく調整しないと、画像の「3」を見て、正しく「3」と認識できないのだ。

答え合わせをして間違えるたびに重みづけの調整を繰り返して、認識の精度を上げていく学習法の代表的なものを「誤差逆伝播《ぎゃくでんぱ》（Back Propagation）」という。どう調整するかというと、全体の誤差（間違う確率）が少なくなるように微分をとる。微分をとるというのは、つまり、あるひとつの重みづけを大きくすると誤差が減るのか、小さくすると誤差が減るのかを計算するということである。そして、誤差が小さくなる方向に、8万個の重みづけのそれぞれに微調整を加えていく。

別なたとえで説明すると、ある組織において上司が判断を下さないといけない場面を考えよう。上司は部下からの情報をもとに判断を下す。自分の判断が正しかったときは、その判断の根拠となった情報を上げてきた部下との関係を強め、判断が間違ったときは、間違いの原因となった情報を上げてきた部下との関係を弱める。これを何度も繰り返せば、組織として正しい判断を下す確率が上がっていくはずだ。
つまり、正しい判断材料が下（部下）から上（上司）へ上がっていく。一方、修正を加えるときは、先ほどとは逆に、上（上司）の誤差（判断の誤り）から出発して下（部下）との関係の強さに修正を加えていくから、誤差逆伝播というわけだ。

「学習」には時間がかかるが「予測」は一瞬

図17にあるように、機械学習はニューラルネットワークをつくる「学習フェーズ」と、できあがったニューラルネットワークを使って正解を出す「予測フェーズ」の２つに分かれる。学習フェーズは、１０００件から１０００万件ほどの大量のデータを入力し、答え合わせをして、間違うたびにW_1とW_2を適切な値に修正するという作業をひたすら繰り返す。８万個の重みづけを修正するために、７万枚の画像をひたすら入力し続けるわけで、この作業にはとても時間がかかる。通常は数秒から、長いときは数日間かかることもある。

しかし、いったんできてしまえば、使うときは簡単で、できあがった重みづけを使って、これまでの訓練用データとは違う新しいデータを入力して、出力を計算する。この作業は一瞬で終わる。１枚の画像に対して、隠れ層を計算するための簡単な足し算と、

図17　学習フェーズと予測フェーズ

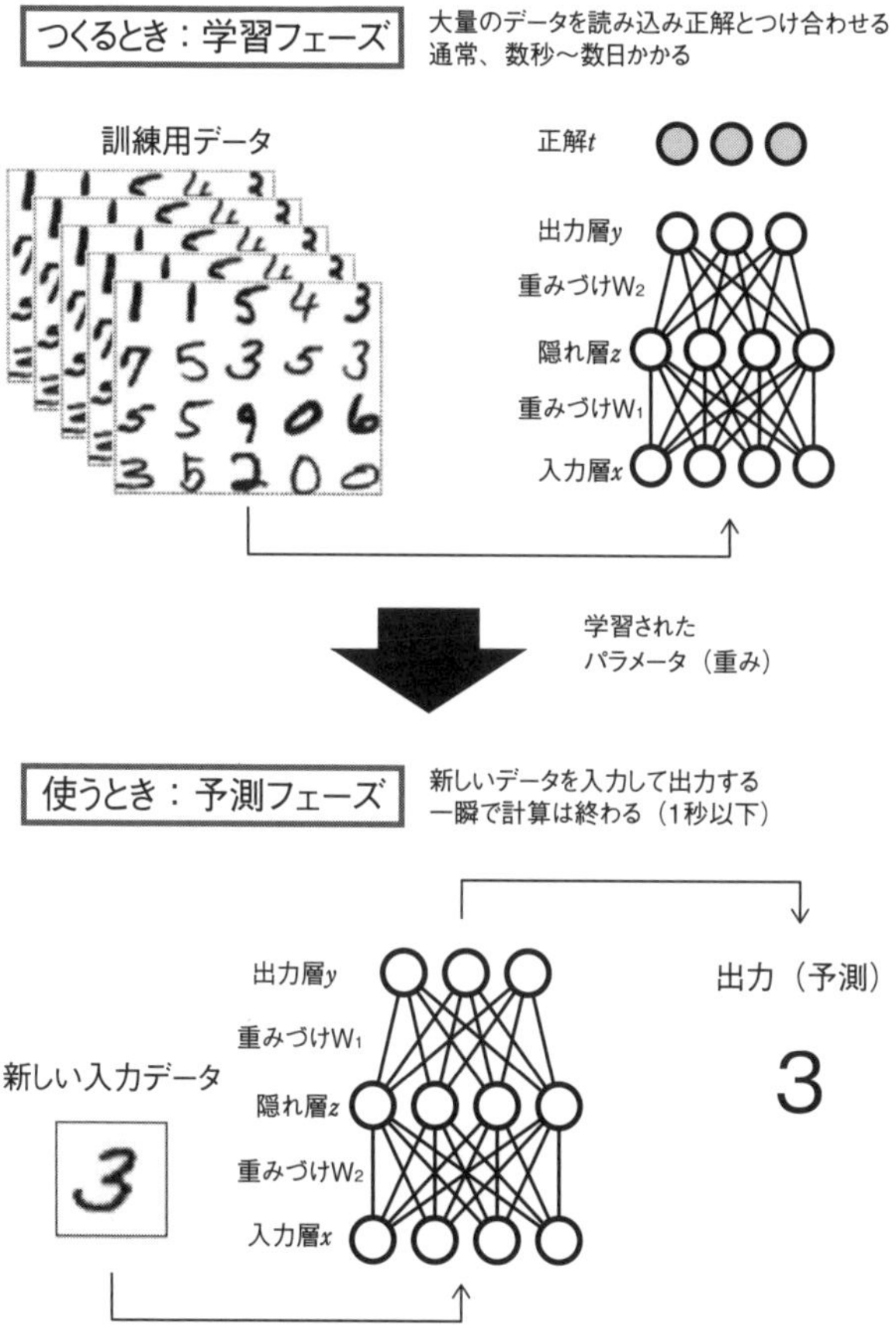

出力層を計算するための簡単な足し算をするだけなので、1秒もかからない。

人間も学習しているときは時間がかかるが、学習した成果を使って判断するときは一瞬でできる。この手書きの文字が「3」を表すとわかるようになるまで、生まれてから数年かかるが、いったんわかってしまえば、次からは見た瞬間「これは3だ」とわかる。それと同じだ。

余談になるが、日本は高齢化社会になってきており、高齢の方の学習能力は、残念ながら若者に劣る。したがって、新しいことを学習するのは大変だ。一方で、判断・識別する能力は、長い年月をかけてつくられており、しかも使う際には簡単に早く使うことができる。高齢者の判断・識別能力をうまく役立てていくことは、昔で言えば老人の知恵を活かすということだろうが、高齢化社会において重要なことかもしれない。

「こういうやつは将来伸びる」とか、「組織がこうなると悪い傾向だ」などの、人間や組織などの時代を経ても変わらないものを見る役割として、高齢の方が企業の会長や相談役にいるのはよくわかる。判断・識別能力で勝負できるからである。

機械学習における難問

機械学習によって「分け方」や「線の引き方」をコンピュータが自ら見つけることで、

未知のものに対して判断・識別、そして予測をすることができる。この技術は、ウェブやビッグデータの領域で広く使われている。しかし、機械学習にも弱点がある。それがフィーチャーエンジニアリング（Feature engineering）である。つまり、特徴量（あるいは素性《そせい》という）の設計であり、ここでは「特徴量設計」と呼ぼう。(注33)

特徴量というのは、機械学習の入力に使う変数のことで、その値が対象の特徴を定量的に表す。この特徴量に何を選ぶかで、予測精度が大きく変化する。

たとえば、手書き文字認識では、画像の中心と大きさを調整して特徴量を設計する必要がある。先ほどは説明を単純化するために触れなかったが、ただピクセル単位に分けて読み込ませれば精度が上がるわけではないのだ。

特徴量を何にするかが予測精度に決定的な意味を持つのは、年収を予測する問題を考えればわかりやすい。どこに住んでいるか、男性か女性か、といった特徴量から年収を予測するというのは、ニューラルネットワークやその他の機械学習の方法を使って学習することができる。このとき、特徴量を何にするか、言い換えると、どんな変数を読み込ませるかが予測精度に大きく寄与することは容易に想像できるだろう。

図18にあるように、「性別」や「居住地域」は年収と関係がありそうだが、「身長」は疑問符がつくし、「好きな色」はそれほど関係ないはずだ。それよりはむしろ、「年齢」

図18　年収を予測する

「特徴量（素性）」を何にするかで予測の精度が変わる

性別	居住地域	身長	好きな色	年収（万円）
男	東京	168	赤	250
男	埼玉	176	白	700
男	神奈川	183	青	1,200
女	東京	155	別に	400
男	千葉	174	赤	180
女	東京	163	緑	5,000

「身長」や「好きな色」より「年齢」「職業」「業種」「資格」のほうが関係ありそう

や「職業」「業種」「保有する資格」などのほうが年収に影響する可能性が高い。仮に、データベースに「誕生日」という項目が入っていても、それだけではよい特徴量ではない。誕生日と現在の日付の差、つまり「年齢」という値にして初めて年収予測問題に寄与するような特徴量となる。

ただ、こうした判断はコンピュータにはできない。機械学習の精度を上げるのは、「どんな特徴量を入れるか」にかかっているのに、それは人間が頭を使って考えるしかなかった。これが「特徴量設計」で、機械学習の最大の関門だった。

これに関して、私は学生時代に思い出がある。

1998年ごろ、私は、自然言語処理で有名な黒橋禎夫氏（現在、京都大学教授）の自然言語処理の授業を受けていた。日本のこの分野の研究に多大な影響を与えている研究者だ。自然言語処理だけでなく、データベースやプログラミングの話も多くて楽しかったのだが、機械学習の長い解説が終わった後、黒橋先生は「ま、手法はいろいろあるんですが、結局、いい特徴量をつくるのが実は一番大変で、人間がやるしかないんですけどね」とさらっと言った。

その言葉に、私は頭を殴られたようなショックを受けた。私がずっと考えてきたことをあっさり言われたからだ。特徴量をどうつくるかが機械学習における本質的な問題であるということを、自分以外の人の口から初めて聞いた。その後、その問題は、特徴量設計として普通に理解されるようになった。

人間は特徴量をつかむことに長けている。何か同じ対象を見ていると、自然にそこに内在する特徴に気づき、より簡単に理解することができる。ある道の先人が、驚くほどシンプルにものごとを語るのを聞いたことがあるかもしれない。特徴をつかみさえすれば、複雑に見える事象も整理され、簡単に理解することができる。

同じことを人間は視覚情報でもやっている。たとえば、ある動物がゾウかキリンかシマウマかネコかを見分けるのは人間にはとても簡単だが、画像情報からこれらの動物を判定するのに必要な特徴を見つけ出すのは、コンピュータにはきわめて難しかった。機械学習をさせようにも、この特徴を適切に出すことができなければ、うまく学習できないのである。

なぜいままで人工知能が実現しなかったのか

さて、いったん機械学習の話から離れ、ここまでの章で述べてきたことも含めて、あらためて考えてみよう。

第3章では、「知識」を入れれば人工知能は賢くなるが、どこまで「知識」を書いても書き切れないという問題にぶつかった。また、「フレーム問題」では、タスクによってロボットが使うべき知識をどう定めておけばよいのかが決められなかった。「シンボルグラウンディング問題」では、コンピュータにとって、シマウマが「シマシマのあるウマ」だと理解できないことが問題であった。

一方、この章で述べたのは、機械学習では、何を特徴量とするかは人間が決めないといけなかったということである。人間がうまく特徴量を設計すれば機械学習はうまく動き、そうでなければうまく動かない。

これらの問題は、結局、同じひとつのことを指している。いままで人工知能が実現しなかったのは、「世界からどの特徴に注目して情報を取り出すべきか」に関して、人間の手を借りなければならなかったからだ。

つまり、コンピュータが与えられたデータから注目すべき特徴を見つけ、その特徴の程度を表す「特徴量」を得ることができれば、機械学習における「特徴量設計」の問題はクリアできる。

シンボルグラウンディング問題でも、コンピュータが自ら特徴を見つけ出し、さらに特徴を用いて表される概念（たとえば「シマシマのあるウマ」）を取り出すことができれば、あとは記号の名前（シマウマ）を与えて人間が結びつけることで、コンピュータは記号の意味を理解して使うことができる（お母さんが子どもにものの名前を教えるように）。

フレーム問題でも、データをもとに現象の特徴を取り出し、その特徴を用いた概念を使って知識を表現しておけば、そうそう例外的なことは起こらないはずである。(注34) また「必要な知識を選び出すのに無限に考えてしまう」なんてこともない。

かつて、言語哲学者のソシュールは、記号とは、概念（シニフィエ）と名前（シニフィアン）が表裏一体となって結びついたものと考えた。シニフィエは記号内容、シニフィアンは記号表現ともいわれる。図19に示すように、シニフィアンであるところの「ネ

図19　シニフィアンとシニフィエ

コ」という言葉は別に任意のものでよいが、いったん結びついてしまうと、ネコという名前（シニフィアン）は、ネコの概念（シニフィエ）を表すように了解され、運用されるようになる。

コンピュータがデータから特徴量を取り出し、それを使った「概念（シニフィエ：意味されるもの）」を獲得した後に、そこに「名前（シニフィアン：意味するもの）」を与えれば、シンボルグラウンディング問題はそもそも発生しない。そして、「決められた状況での知識」を使うだけではなく、状況に合わせ、目的に合わせて、適切な記号をコンピュータ自らがつくり出し、それを使った知識を自ら獲得し、活用することができる。これまで人工知能がさまざまな問題に直面していたのは、概念（シニフィエ）を自ら獲得することができなかったからだ。

いま、コンピュータが、与えられたデータから重要な「特徴量」を生成する方法ができつつある。コンピュータがシニフィエを獲得する端緒が開かれつつある。次の章では、人工知能の50年来のブレークスルーである「ディープラーニング」について説明したい。

（注28）ＳＩＧＫＤＤ（Knowledge Discovery in Data分科会）が正式なＡＣＭ（計算機械学会）の活動となったのが１９９８年。実際にはその数年前から活動が行われていた。
（注29）もうひとつ「強化学習」を加えて3つと説明されることもある。強化学習とは、試行錯誤を通じて環境に適応する学習制御の枠組みである。教師あり学習と異なり、正しい行動を明示的に与えられるのではなく、報酬という行動の望ましさを表す情報を手がかりに学習する。報酬には遅れがあるため、行動を実行した直後の報酬を見るだけでは、学習主体はその行動が正しかったかどうかを判断できないという困難を伴う。
（注30）Reuter-21578
（注31）手法によってはそれ以外の方法もある。
（注32）ＩＤ3、Ｃ4・5、Ｃ5・0と呼ばれるアルゴリズムが知られている。
（注33）フィーチャーエンジニアリングの日本語訳は固まっておらず、素性工学、特徴量工学、素性設計などとも呼ばれるが、ここでは本書の用語にあわせ、特徴量設計と訳す。
（注34）そもそも、人間も本質的にはフレーム問題を解いていない。ただ、実質的に多くの場合に問題ないような処理をしているだけであり、それは特徴表現学習（とその先にある技術）を使えば、コンピュータにも可能であるはずだ。

第5章

静寂を破る「ディープラーニング」
―― 第３次ＡＩブーム②

ディープラーニングが新時代を切り開く

２０１２年、人工知能研究の世界に衝撃が走った。世界的な画像認識のコンペティションョン「ＩＬＳＶＲＣ（Imagenet Large Scale Visual Recognition Challenge）」で、東京大学、オックスフォード大学、独イェーナ大学、ゼロックスなど名だたる研究機関が開発した人工知能を抑えて、初参加のカナダのトロント大学が開発したSuperVisionが圧倒的な勝利を飾ったのだ。

このコンペでは、ある画像に写っているのがヨットなのか、花なのか、動物なのか、ネコなのかをコンピュータが自動で当てるタスクが課され、その正解率の高さ（実際はエラー率の低さ）を競い合う。１０００万枚の画像データから機械学習し、15万枚の画像を使ってテストをして、正解率を測定する。

それまで、画像認識というタスクで機械学習を用いることは常識であったが、機械学習の際に用いる特徴量の設計は、人間の仕事であった。各大学・研究機関はコンマ何%の精度でエラー率を下げるためにしのぎを削り、そのために、画像の中のこういう特徴

図20　ILSVRC 2012の結果：タスク1（分類）

ほかの研究所の人工知能がエラー率26%台の攻防を繰り広げる中、トロント大学の「SuperVision」が15%、16%台とぶっちぎりの勝利

トロント大学のSuperVision（SuperVisionの2行）

東大のISIも健闘したが（ISIの4行）

Team name	Filename	Error (5 guesses)	Description
SuperVision	test-preds-141-146.2009-131-137-145-146.2011-145f.	0.15315	Using extra training data from ImageNet Fall 2011 release
SuperVision	testpreds-131-137-145-135-145f.txt	0.16422	Using only supplied training data
ISI	pred_FVs_wLACs_weighted.txt	0.26172	Weighted sum of scores from each classifier with SIFT+FV, LBP+FV, GIST+FV, and CSIFT+FV, respectively.
ISI	pred_FVs_weighted.txt	0.26602	Weighted sum of scores from classifiers using each FV.
ISI	pred_FVs_summed.txt	0.26646	Naive sum of scores from classifiers using each FV.
ISI	pred_FVs_wLACs_summed.txt	0.26952	Naive sum of scores from each classifier with SIFT+FV, LBP+FV, GIST+FV, and CSIFT+FV, respectively.
OXFORD_VGG	test_adhocmix_classification.txt	0.26979	Mixed selection from High-Level SVM scores and Baseline Scores, decision is performed by looking at the validation performance
XRCE/INRIA	res_1M_svm.txt	0.27058	
OXFORD_VGG	test_finecls_classification.txt	0.27079	High-Level SVM over Fine Level Classification score, DPM score and Baseline Classification scores (Fisher Vectors over Dense SIFT and Color Statistics)
OXFORD_VGG	test_baseline_classification.txt	0.27302	Baseline: SVM trained on Fisher Vectors over Dense SIFT and Color Statistics
University of Amsterdam	final-UvA-lsvoc2012test.results.val	0.29576	See text above

に注目するとエラー率が下がるのではないかと試行錯誤を重ねてきた。

機械学習といっても、特徴量の設計は、長年の知識と経験がものをいう職人技である。職人技により、機械学習のアルゴリズムと特徴量の設計が少しずつ進み、1年かけてようやく1%エラー率が下がるという世界だ。その年もエラー率26%台の攻防のはずだった（図20を見ると、1位、2位を独占したSuperVisionを除けば、エラー率26%台でいくつものチームが並んでいるのがわかる）。

ちなみに、自然言語処理でも検索でも、人工知能技術を用いて最後にコンマ何%という性能の勝負の段階になると、必ずこの職人技（あるいはヒューリスティックと呼

ばれる）のかたまりになってくる。研究としてはあまり面白くないところだ。実は、Ｓｉｒｉのような「音声対話システム」も、ワトソンのような「質問応答システム」も、ほとんどこの段階に入っていて、研究者からすると、「やってもいいけど大変なわりにあまり未来がない」ように思える世界である。その世界で少しずつ性能を上げていくには、気の遠くなるような努力が要求される。

ところが、２０１２年に初参加してきたトロント大学は、ほかの人工知能を10ポイント以上引き離して、いきなりエラー率15％台をたたき出した。文字通り「桁違い」の勝利だ。これには長年、画像認識の研究を進めてきたほかの研究者も度肝を抜かれた。

何がトロント大学に勝利をもたらしたのか。その勝因は同大学教授ジェフリー・ヒントン氏が中心になって開発した新しい機械学習の方法「ディープラーニング（深層学習）」だった。

ディープラーニングの研究自体は２００６年ごろから始まっているが、それまで画像認識の各研究者が培ってきたノウハウとはまったく別のところから参入して、いきなりトップに躍り出たのだから、その衝撃たるや、大変なものだった。画像認識の研究者の中には、「もう研究者としてやっていけないのではないか」と危機感を覚えた人も少なくないと聞いている。

ディープラーニングは、データをもとに、コンピュータが自ら特徴量をつくり出す。人間が特徴量を設計するのではなく、コンピュータが自ら高次の特徴量を獲得し、それをもとに画像を分類できるようになる。(注35) ディープラーニングによって、これまで人間が介在しなければならなかった領域に、ついに人工知能が一歩踏み込んだのだ。

私は、ディープラーニングを「人工知能研究における50年来のブレークスルー」と言っている。もう少し正確を期すなら、第2、第3、そして第4章で見てきたような、人工知能の主要な成果はほとんど人工知能の黎明期《れいめい》、すなわち1956年からの最初の10年ないしは20年の間にできている。その後いくつかの大きな発明はあったものの、どちらかといえば、「マイナーチェンジ」であった。

しかし、ディープラーニングに代表される「特徴表現学習」は、黎明期の革新的な発明・発見に匹敵するような大発明だ。特徴表現をコンピュータが自らつくり出すことは、それくらい大きな飛躍なのである。なお、通常、ディープラーニングは「表現学習（representation learning）」のひとつとされるが、本書では「表現」という言葉をわかりくするため、「特徴表現学習」という呼び方をする。(注36)

とはいえ、ディープラーニングによって人工知能が実現するというのは短絡的すぎるし、いまのディープラーニングは足りないところだらけだ。しかし、ディープラーニングが「単なる一手法」だと考えるのは、これまた技術の可能性を見誤っている。ディープラーニングは、人工知能の分野でこれまで解けなかった「特徴表現をコンピュータ自らが獲得する」という問題にひとつの解を提示した。つまり、大きな壁にひとつの穴を穿《うが》ったということである。これがアリの一穴《いっけつ》となり、ここから連鎖的にブレークスルーが起こっていくかどうかが、今後注目すべき点である。

2012年の衝撃的なコンペティション以来、ディープラーニングに関するトピックはちょっとしたバブル状態になっていることは序章で述べた。巨額のキャッシュフローを抱えたネット界の巨人たちがこぞって人工知能に巨額の投資を開始している。世界中の熱い視線が注がれるディープラーニングとは何か。この章では、それをくわしく紹介したい。

自己符号化器で入力と出力を同じにする

ディープラーニングは、多階層のニューラルネットワークである。前章で3層のニューラルネットワークを紹介したが、それをさらに何層にも深く（ディープに）重ねていく。

人間の脳は何層にも重なった構造をしており、ニューラルネットワークの研究の初期のころから、深い層のニューラルネットワークをつくることは当然の試みとして行われてきた。ところが、どうやってもうまくいかなかった。

3層のニューラルネットワークだとうまくいくのであるから、4層、5層とすればもっとよくなるはずである（実際、隠れ層のニューロンの数を一定とすれば、層を重ねるほど自由度は上がり、ニューラルネットワークで表現できる関数の種類は、層を重ねれば重ねるほど増える）。ところが、やってみるとそうならなかった。精度が上がらないのだ。

なぜかというと、深い層だと誤差逆伝播が、下のほうまで届かないからだ。[注37] 上司の判断がよかったかどうかで、部下との関係を強めるか弱めるかして修正する、これを階層を順番に下ってやっていけばよいというのが誤差逆伝播だったが、組織の階層が深くなりすぎると、一番上の上司の判断がよかったか悪かったかということが、末端の従業員まで到達するころには、ほとんど影響がゼロになってしまうのだ。

ディープラーニングは、その多層のニューラルネットワークを実現した。どうやって実現しているのだろうか。

ディープラーニングが従来の機械学習とは大きく異なる点が2点ある。1つは、1層ずつ階層ごとに学習していく点、もう1つは、自己符号化器（オートエンコーダー）という「情報圧縮器」を用いることだ。[注38]

図21　自己符号化器

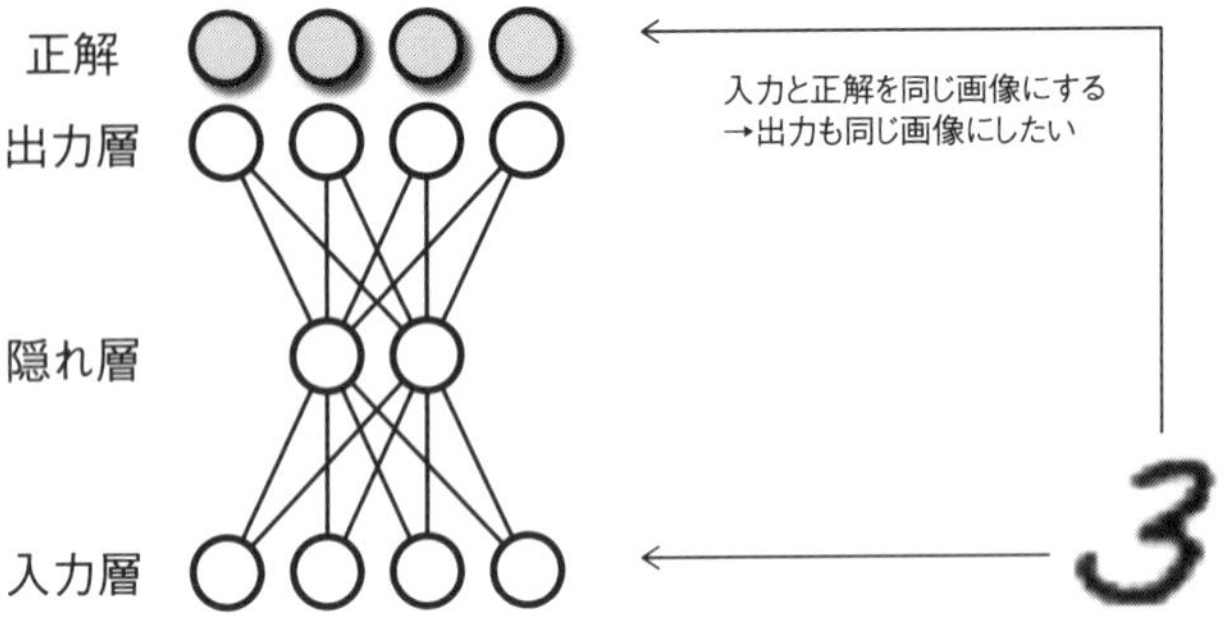

自己符号化器では、少し変わった処理を行う。ニューラルネットワークをつくるには、正解を与えて学習させる学習フェーズが必要だった。その場合、たとえば、手書きの「3」という画像を見せれば、正解データとして「3」を与える。ところが、自己符号化器では「出力」と「入力」を同じにする。どういうことかというと、図21にあるように、「手書きの3」の画像を入力して、正解も同じ「手書きの3」の画像として、答え合わせをするのだ。

「手書きの3」の画像を入力して、これが3ですよと教えるのではなく、「手書きの3」の画像を入力して、答えは同じ「手書きの3」の画像と教えるのだ。普通に考えれば意味はない。

実業家のジェフ・ホーキンス氏はその著書『考える脳　考えるコンピューター』で、ディープラーニングができる前にこの方式を予想していたが、それによれば、自己符号化器は「八百屋に行って新しいバナナを買うときに古いバナナで支払うようなもの」、あるいは「銀行に行ってボロボロの100ドル札を100ドルの新札に取り替えてもらうようなもの」と述べている。（注39）

日本全国の天気から地域をあぶりだす

これがどういうことか理解するには、「情報量」という概念をつかんでおく必要がある。わかりやすく説明するために、ちょっと画像の話を離れて、日本全国の天気を例にしよう。「今日の天気は、北海道は晴れ、青森はくもり、……、鹿児島は雨、沖縄は雨」といった具合に、全国47都道府県の天気の情報があるとする。このとき、次のゲームを考えてみる。

〈ルール〉　2人1チームで戦う伝言ゲームです。チームの中で、1人にだけ、ある1日の日本全国47都道府県の天気（晴れかくもりか雨か）が知らされています。
これをもう1人のチームメンバーに伝え、その人が47都道府県の天気のうち、何個を正確に答えられたかを競います。このとき、手紙を渡してメッセージを伝えますが、日本全国のうち10カ所の天気だけを伝えることができます。その10カ所の天気をもとに、もう1人は47カ所の天気を予想します。

このゲームに勝つためにどうすればいいだろうか。まず、単純に北から順番に10カ所を選んでみよう。

特徴表現①：（北海道、青森、岩手、宮城、秋田、山形、福島、茨城、栃木、群馬）

たとえば、この10地点の天気を

（晴れ、晴れ、晴れ、晴れ、晴れ、晴れ、くもり、雨、くもり、くもり）

という形で伝えることができる。数字にするために、晴れは2点、くもりは1点、雨は0点としよう。すると、

特徴表現①：（北海道、青森、岩手、宮城、秋田、山形、福島、茨城、栃木、群馬）
＝（2, 2, 2, 2, 2, 2, 1, 0, 1, 1）

と手紙に書いて渡せばよいことになる。この手紙を受け取った人は、受け取った地点の天気から、そこに書かれていない地点の天気も予想して、結果的に全国47都道府県の天気を答えることになる。おそらく、この「特徴表現①」の場合、北日本の天気はよく再現できても、中部や西日本の天気はハズレまくるだろう。

もっといい方法はないだろうか。基本的な考え方はこうだ。ある県が晴れていたらその隣の県は晴れだろうし、ある県が雨だったらその隣の県は雨の確率が高い。東京が晴れだったら、おそらく千葉も晴れだ。秋田が雨ならおそらく山形も雨だ。したがって、これを2つとも伝えるのは無駄が大きい。

つまり、ある地点と地点の間には、「どのくらい天気が似ているか」という傾向があるはずだ。これをうまく使って10カ所を選んだほうがよい。

特徴表現②：（北海道、岩手、新潟、東京、大阪、島根、高知、長崎、宮崎、沖縄）

「特徴表現①」より「特徴表現②」のほうが、かなり高い確率で、全国47都道府県の天気を予想することができるだろう。つまり、日本全国の天気を表すときは、「特徴表現①」よりも「特徴表現②」のほうがよい特徴表現といえる。天気の情報が「より効果的に圧縮して詰め込まれている」ということである。

もう少しよい伝え方がないか、考えてみよう。

10都道府県を選ぶのではなく、自分で勝手にエリアをつくってみてはどうだろうか。たとえば、東京と神奈川、埼玉、茨城などを集めて、その天気の平均をとって、関東地方の天気ということにして1カ所と考えれば、もっと正しく伝わるのではないだろうか。そうすると、こういう特徴表現のしかたもありそうだ。

特徴表現③：(全国、北海道、東北、関東、関西、四国、九州、日本海側、太平洋側、沖縄)

この場合は、次のように計算する。日本全国の天気は、47都道府県の天気の「平均」をとったものである。東北の天気は、東北地方の県の天気の平均、九州は九州の平均だ。晴れを2点、くもりを1点、雨を0点としたので、各地点の点数の平均を計算すればよい。その結果、たとえば、ある日の天気は次のように表される。

特徴表現③：（全国、北海道、東北、関東、関西、四国、九州、日本海側、太平洋側、沖縄）
＝（1.8, 1.0, 2.0, 1.5, 1.2, 0.8, 1.1, 0.3, 1.5, 0.0）

もう1人のチームメンバーが、この情報から各県の天気を求めたいときは、その県が該当するカテゴリの値を平均して使う。たとえば、香川県であれば、全国と四国に当てはまるので、全国1・8と四国0・8を足し合わせて平均をとり、1・3となる。四捨五入して1だから、くもりと予想する。

実は、「特徴表現③」のように表すほうが、「特徴表現②」より正確に日本全体の天気を伝えることができる。

コンピュータは、データ間の相関関係を分析することで、「特徴表現③」のようなものを自動的に見つけることができる。つまり、「東北」とか「関東」といった分け方は知らなくても、天気の関連が高いということから、地理的なまとまりを勝手に見つけることができるのである。(注40) そして、その中でも、最も適した特徴表現を自動的に見つけ出すことができる。

もう少し専門的な用語で言うと、各県の天気の間に「情報量」があるときに、これを利用する、ということだ。ある県の天気が晴れであることが、ほかの県の天気に何らかの影響があるとき、「情報量がある」という。コンピュータは、全国47都道府県の天気データを見ることで、勝手に「東北地方」や「日本海側」という概念を生成することができる。そのときにカギとなるのが「天気をいかに少ない情報で伝え、正確に再現することができるか」ということなのである。

手書き文字における「情報量」

では、手書き文字認識の話に戻ろう。入力と出力を同じにすると、隠れ層のところに、その画像の特徴を表すものが自然に生成される。「東北地方」や「日本海側」が自然に生成されるのと同じように、適切な特徴表現がつくられる。

150ページの図21のように、入力層と出力層に比べて、真ん中の隠れ層が細くくびれているので、(注41) 入力はいったん「細いところを通って」出力される。そのときに、出力が、もとの入力とできるだけ近いものになるように(専門的な言い方をすると「復元エラー」が最小になるように)重みづけが修正されることになる。天気の例で、もともとの47カ所の天気の情報から、10カ所だけの天気の情報を伝えることで、47カ所の天気の正解率を上げたいのと同じだ。

出力がもとの入力とできるだけ近くになるようにするには、どうしたらよいだろうか。

「情報量」を使えばよいのである。たとえば、ある画素が黒のとき、その隣の画素も必ず黒なのだとしたら、その2つの画素はまとめて扱ってしまえばよい。つまり、その2つの画素を別々の数字として隠れ層に渡すのではなく、「その2つの数字がまとめて黒か白か」を隠れ層に渡せばよいのだ。関東地方の天気は似ているからまとめて扱ってしまえ、というのと同じである。

どこをまとめて扱ったら結果（出力）に影響しないのか、逆にどこをまとめて扱うと大きく異なる結果（出力）が出てしまうのか、コンピュータは圧縮ポイントを試行錯誤して、自分で学習することになる。つまり、「復元エラー」が最小になるような、適切な特徴表現を探すわけである。

前章で登場した28ピクセル×28ピクセル＝784ピクセルの画像の例では、入力層が784次元、出力層も784次元あって、真ん中の隠れ層がたとえば100次元あるようなイメージだ。

784次元を100次元に圧縮するために、たとえば、「左下のこの位置が黒くなっていれば、その周辺の10ピクセルはまとめて黒くしても結果（出力）に影響しない」とわかれば、10ピクセルの情報を1ピクセルで代用できる。ただひたすら同じ画像のエンコーディング（圧縮）とデコーディング（復元・再構築）を繰り返すうちに、いかに効率的に少ない情報量を経由してもとに戻せるかを学習していく。そして、答え合わせの成績がよいときに、隠れ層にできているものが、よい特徴表現なのだ。

数学や統計にくわしい人であればピンとくるかもしれないが、自己符号化器でやっていることは、アンケート結果の分析などでおなじみの「主成分分析」と同じである。主成分分析とは、たくさんの変数を、少数個の無相関な合成変数に縮約する方法で、マーケティングの世界でよく使われる。実際、線形な重みの関数を用い、最小二乗誤差を復元エラーの関数とすれば、主成分分析と一致する。(注42)

自己符号化器の場合は、後述するようにさまざまな形でノイズを与え、それによって非常に頑健に主成分を取り出すことができる。そのことが「ディープに」、つまり多階層にすることを可能にし、その結果、主成分分析では取り出せないような高次の特徴量を取り出すことができる。

何段もディープに掘り下げる

ディープラーニングでは、さらにこの作業を1段、もう1段と重ねていく。1段目の隠れ層を2段目の入力(および正解データ)として、コンピュータに学習させるのだ。図22がそれに当たる。

図22　自己符号化器を２層にする

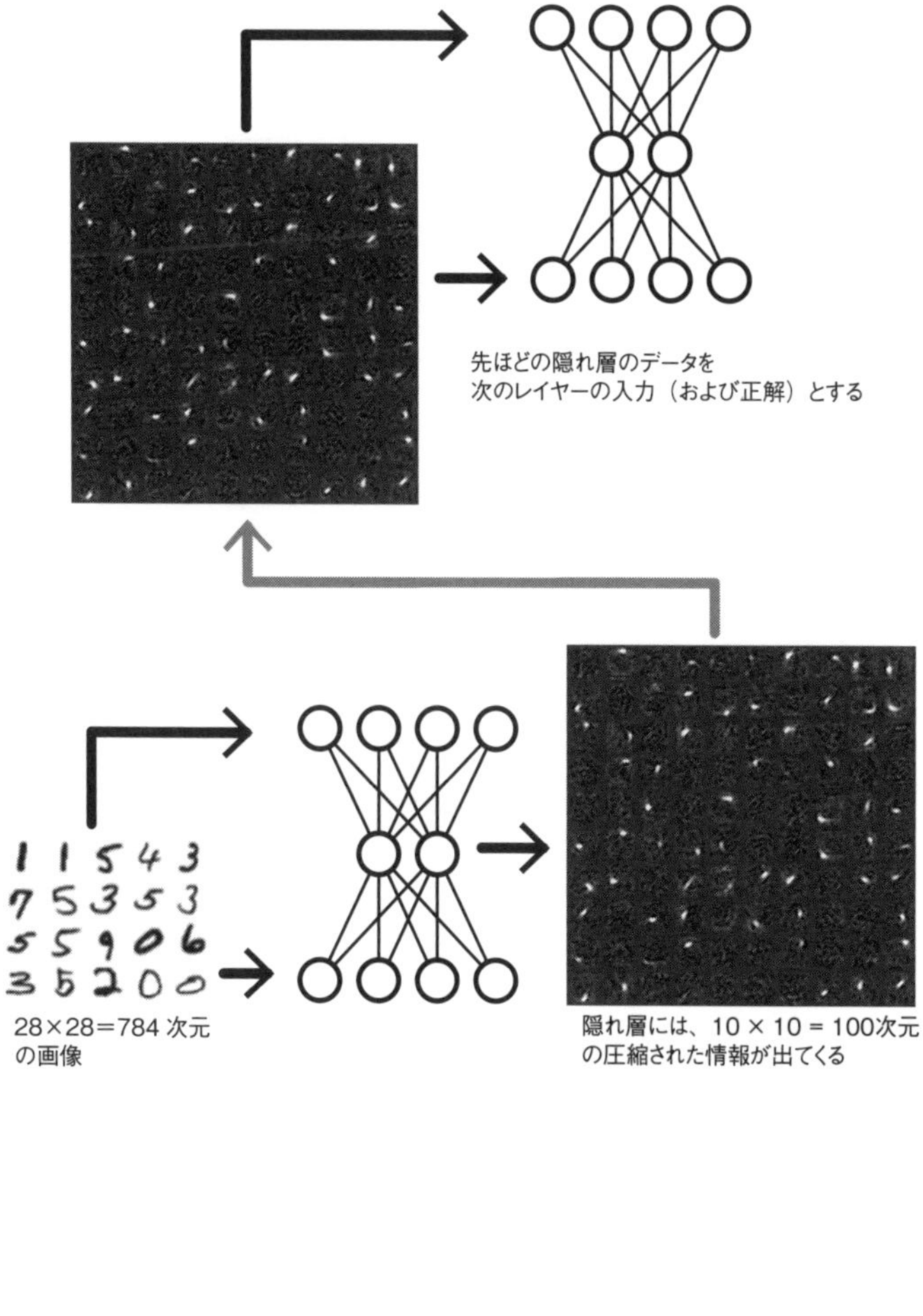

1層目が、784次元の入力、100次元の隠れ層であったから、2層目への入力は、隠れ層の数と同じ、100次元のデータになる。この100次元のデータを同じように入力とする。そのため、隠れ層を仮に20個とすると、入力層の100次元のデータをいったん20個にまで圧縮し、もう一度100次元のノードに復元するわけである。

2段目の隠れ層には、1段目の隠れ層で得られたものをさらに組み合わせたものが出てくるから、さらに高次の特徴量が得られる（もとの入力の画像の次元に戻すと、さらに抽象化された画像が出てくることになる）。これを、さらに3段目の入力（および正解データ）として用い、得られた隠れ層を、さらに4段目の入力とする。そうして次々と繰り返して、多階層にしていくわけである。

この多階層のディープラーニングの仕組みを図にしたのが図23だ。真ん中の隠れ層を上に引っ張り出し（②）、入力層と出力層は同じだから便宜的に重ねて（③）、これを何層にもわたって重ねると、④のタワーのようになる。一番下から入力した画像は、上に上がるにつれて抽象度を増し、高次の特徴量が生成される。そして「3」なら「3」という数字そのものの概念に近くなる。個別・具体的な、さまざまな「手書きの3」を読み込み、4、5回抽象化を繰り返すと、現れるのは「典型的な3」だ。これこそ「3の概念」にほかならない。

図23　ディープにする

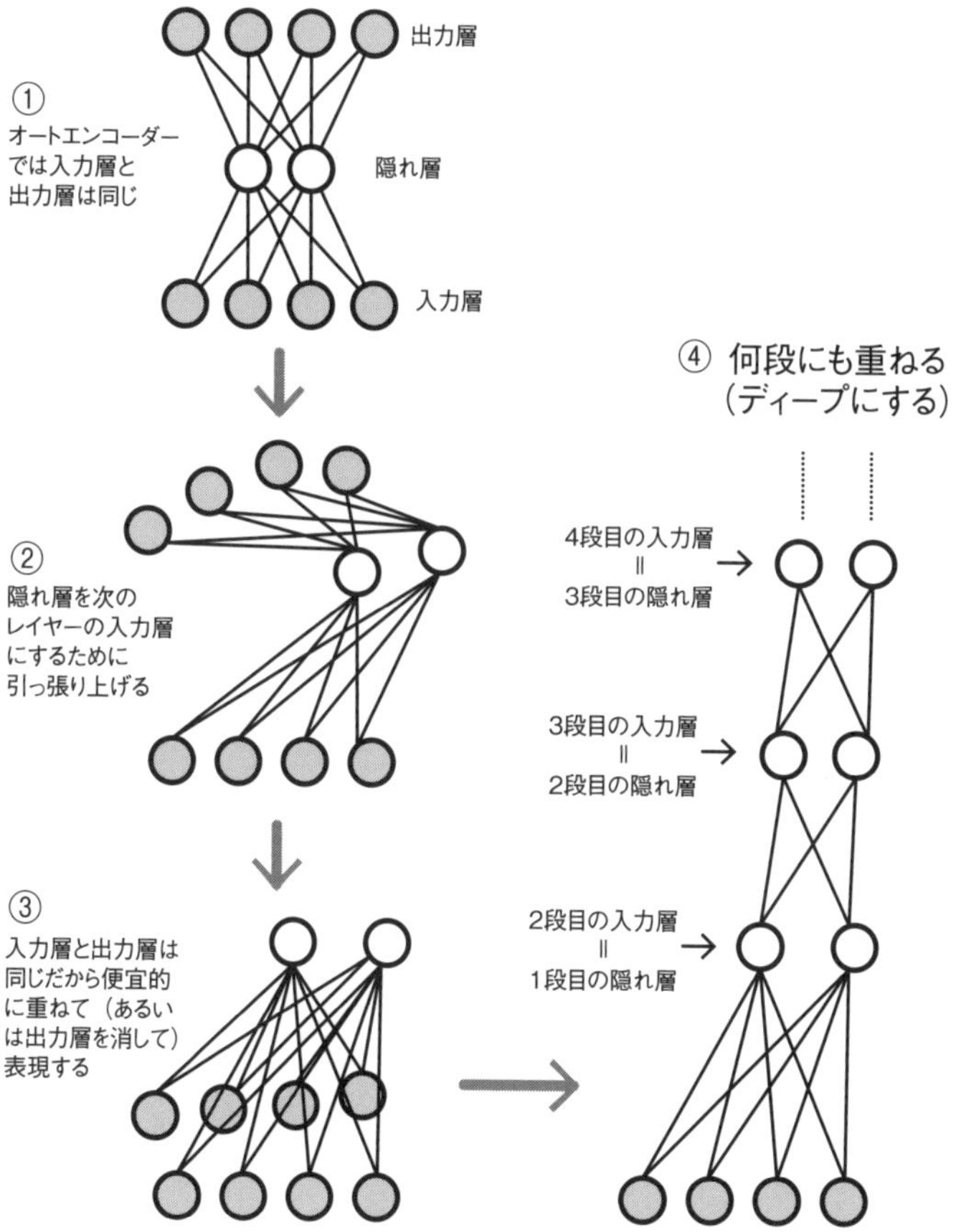
出力層
①
オートエンコーダーでは入力層と出力層は同じ
隠れ層
入力層
②
隠れ層を次のレイヤーの入力層にするために引っ張り上げる
③
入力層と出力層は同じだから便宜的に重ねて（あるいは出力層を消して）表現する
④ 何段にも重ねる
（ディープにする）
4段目の入力層
=
3段目の隠れ層
3段目の入力層
=
2段目の隠れ層
2段目の入力層
=
1段目の隠れ層

いったん「典型的な3」や「典型的な5」の概念をつかまえることができれば、これを「3」、これを「5」というのだとその概念の名前を教えてあげるだけでよい。教師あり学習は非常に少ないサンプル数で可能になる。

相関のあるものをひとまとまりにすることで特徴量を取り出し、さらにそれを用いて高次の特徴量を取り出す。そうした高次の特徴量を使って表される概念を取り出す。人間がぼーっと景色を見ているときにも、実はこんな壮大な処理が脳の中で行われているのである。

おそらく、生後すぐの赤ちゃんは、目や耳から入ってくる情報の洪水の中から、何と何が相関し、何が独立な成分かという「演算」をすごいスピードで行っているはずである。情報の洪水の中から、予測しては答え合わせを繰り返すことでさまざまな特徴量を発見し、やがて「お母さん」という概念を発見し、まわりにある「もの」を見つけ、それらの関係を学ぶ。そうして少しずつ世界を学習していく。

グーグルのネコ認識

図24は、グーグルの研究者らが2012年に発表し、「グーグルのネコ認識」として有名になった研究だ。(注43)

図24　ディープラーニングによる画像認識

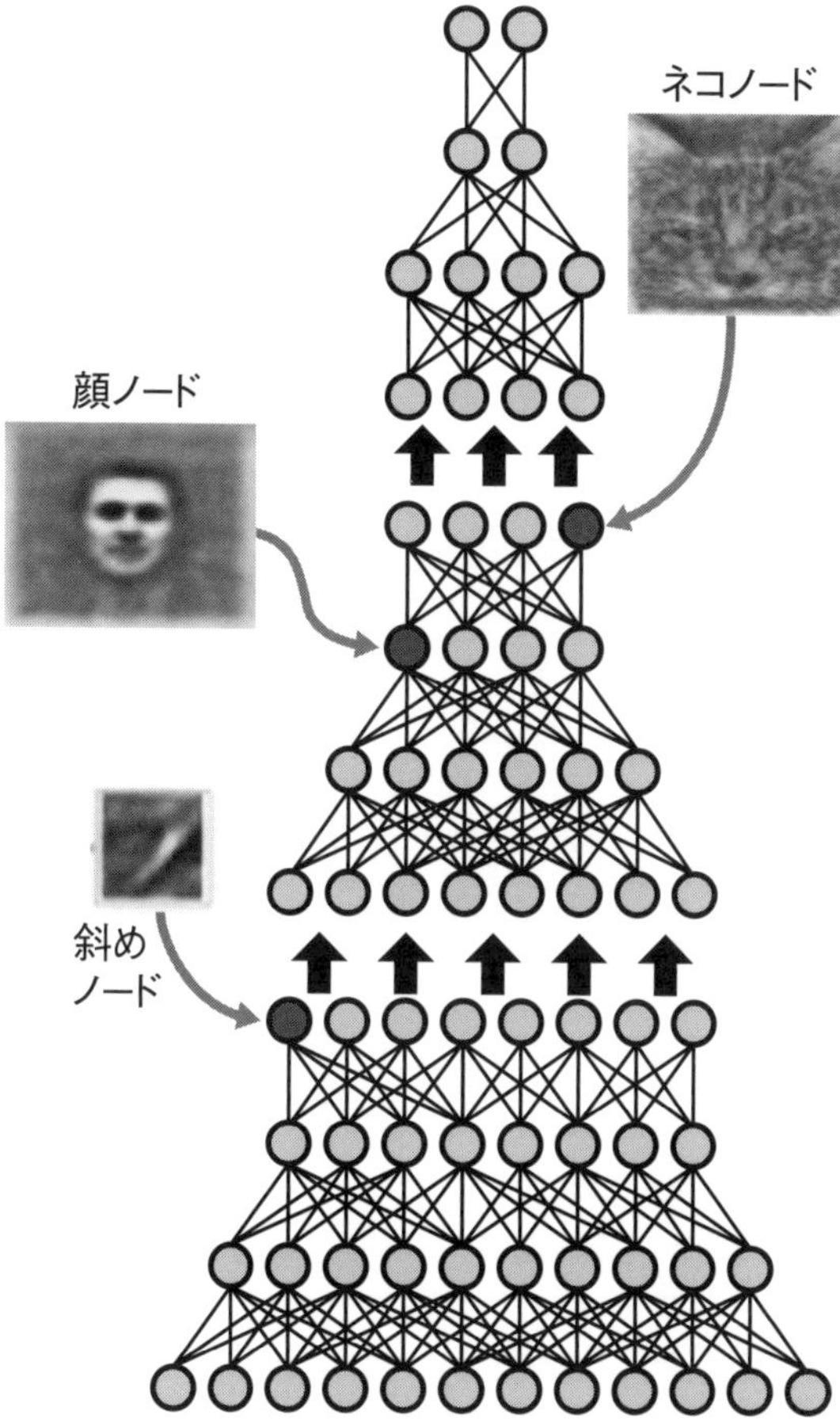

出典：「グーグルのネコ認識」より（注43）

手書き文字を入力とするのではなく、ユーチューブの動画から1000万枚の画像を取り出して、それを入力としている。一般的な画像を扱うので、当然、手書き文字の場合より大変だ。用いるニューラルネットワークは、より巨大になる。

下のほうの層では、点やエッジなどの画像によくある「模様」を認識するだけだが、上にいくと、丸や三角などの形が認識できるようになる。そしてそれらの組み合わせとして、丸い形（顔）の中に2個の点（目）があって、その真ん中に縦に一筋線が入って（鼻）といったように、複雑なパーツを組み合わせた特徴量が得られている。その結果、上のほうの層では、「人間の顔」らしきものや、「ネコの顔」らしきものが出てくる。

つまり、ユーチューブから取り出した画像を大量に見せてディープラーニングにかけると、コンピュータが特徴量を取り出し、自動的に「人間の顔」や「ネコの顔」といった概念を獲得するのだ。

コンピュータが概念（シニフィエ、意味されるもの）を自力でつくり出せれば、その段階で「これは人間だ」「これはネコだ」という記号表現（シニフィアン、意味するもの）を当てはめてやるだけで、コンピュータはシニフィアンとシニフィエが組み合わさったものとしての記号を習得する。ここまでくれば、次からは、人間やネコの画像を見ただけで、「これは人間だ」「これはネコだ」と判断できることになる。

ただし、この研究では、1000万枚の画像を扱うために、ニューロン同士のつながりの数が100億個という巨大なニューラルネットワークを使い、1000台のコンピュータ（1万6000個のプロセッサ）を3日間走らせている。膨大な計算量である。

なお、データから概念をつくり出すというのは、本来、教師データのいらない「教師なし学習」である。ディープラーニングの場合、この教師なし学習を、教師あり学習的なアプローチでやっている。

自己符号化器は、本来なら教師が与える正解に当たる部分にもとのデータを入れることによって、入力したデータ自身を予測する。そして、さまざまな特徴量を生成する。それが、教師あり学習で教師なし学習をやっているということである。

ところが、少し理解が難しいのが、そうして得られた特徴量を使って、最後に分類するとき、つまり、「その特徴量を有するのはネコだ」とか「それはイヌだ」という正解ラベルを与えるときは、「教師あり学習」になることだ。「教師あり学習的な方法による教師なし学習」で特徴量をつくり、最後に何か分類させたいときは「教師あり学習」になるのである。

結局、教師あり学習をするのなら、ディープラーニングをやってもあまり意味がないように思うかもしれないが、この違いはきわめて大きい。

たとえば、ディープラーニングによって、天気の情報から、「日本海側」の概念がすでにできているのであれば、「島根、鳥取、福井、石川、富山、新潟、山形、秋田などの県のことを日本海側と言います」と教えるだけで、「ああ、これらのかたまりは『日本海側』と呼べばいいのね」とすぐにわかる。ところが、こうした概念ができていなければ、「島根、鳥取……、あれ？　兵庫は入るんだっけ？」などと覚えるのが大変である。「山陰というのは、島根、鳥取、あるいは山口県北部や京都北部も含まれことがある」と聞くと、「ああそうですよね、だってそこらへん、天気似ていますからね」とすぐに理解することができる。コンピュータにとっては、「教師データ」を必要とする度合いがまったく違うのだ。

世の中の「相関する事象」の相関をあらかじめとらえておくことによって、現実的な問題の学習は早くなる。なぜなら、相関があるということは、その背景に何らかの現実の構造が隠れているはずだからである。

飛躍のカギは「頑健性」

ディープラーニングは「データをもとに何を特徴表現すべきか」という、これまで一番難しかった部分を解決する光明が見えてきたという意味で、人工知能研究を飛躍的に発展させる可能性を秘めている。ところが、その実、ディープラーニングでやっていることは、主成分分析を非線形にし、多段にしただけである。

つまり、データの中から特徴量や概念を見つけ、そのかたまりを使って、もっと大きなかたまりを見つけるだけである。何てことはない、とても単純で素朴なアイデアだ。

実際、ディープラーニングのアイデアにかなり近いものは昔からあって、早くも1980年代には、当時NHKの研究所に勤めていた福島邦彦氏（後に大阪大学教授）がネオコグニトロンという先行的な研究をしている。1990年代には産業技術総合研究所の野田五十樹氏や、ドワンゴ人工知能研究所所長の山川宏氏も同じようなことを考えていた。私も2000年ごろから「どう考えてもこのやり方しかないはずだ」と思って、ずっとどうやればできるのかをあれこれ試みてきた。先述のジェフ・ホーキンス氏は、シリコンバレーに自分でレッドウッド神経科学研究所という施設までつくった（現在はカリフォルニア大学バークレー校の下にある）。だが、「どう考えてもこのやり方しかない」はずなのに、どうしてもうまくいかなかった。

それが、2006年にトロント大学のヒントン氏が研究論文で実証して見せ（その前後に同じような考え方で結果が出ている研究もたくさんあるし、実は、教師なしデータを使って教師あり学習の精度を上げるというアイデア自体は、かなり古くからある）、2012年には、コンペティションで圧勝することによって、ついに多くの人の目に触れる形で、そのすごさが伝わった。その後の投資合戦、期待感の高まりは前述の通りである。

いまになってわかるのは、考え方は間違っていなかった。ただ、やり方が違ったのだ。実は、こうした特徴量や概念を取り出すということは、非常に長時間の「精錬」の過程を必要とする。何度も熱してはたたき上げ、強くするようなプロセスが必要である。それが、得られる特徴量や概念の頑健性（ロバスト性とも呼ぶ）につながる。そのためにどういうことをやるかというと、一見すると逆説的だが、入力信号に「ノイズ」を加えるのだ。ノイズを加えても加えても出てくる「概念」は、ちょっとやそっとのことではぐらつかない。

先ほどの日本全国の天気の分析の例でいうと、ある県の天気とほかの県の天気がたまたま何日か連続で一致していることがあるかもしれない。その結果、たまたま一致しているだけで、「2つの県の天気が似ている」と認識されてしまうのだ。

そこで、ノイズを加える。ある地点の天気をちょっとズラすのである。晴れはくもりに、くもりは晴れか雨に、雨はくもりに。サイコロを振って、偶数の目が出れば天気をズラす、としてもよい。その結果、「ちょっと違う」天気のデータができる。この天気のデータも、もとの天気のデータと同じようなデータとして扱うのである。

もともと100日間の天気のデータがあったとして、ノイズを加えると、さらに100枚の天気のデータができる。ノイズの加え方はランダムだから、2回やると2回とも違う天気のデータができる。だから、10回、100回と繰り返してもよい。100回繰り返すと、もとの100枚の天気のデータが1万枚の天気のデータに置き換えられる。この1万枚の天気のデータは言ってみれば、「ちょっと違ったかもしれない過去」である。

ある地点の天気が、実は、別の世界では晴れではなくくもりだったかもしれない。何かちょっとした影響で、ある地点で雨で運動会が中止になったのが、くもりでギリギリ開催できたかもしれない。こうした「ちょっと違ったかもしれない過去」のデータをたくさんつくることで、データの数を無理やり増やすのだ。

そうすると、何が起こるのか。「ある地点と別の地点の天気がたまたま一致していた」ということがなくなる。ちょっと違ったかもしれない過去を含めて計算するので、「たまたま一致」ということはない。一致するなら一致するなりの理由があるはずである。

ディープラーニングでは、このように「ちょっと違ったかもしれない過去」のデータをたくさんつくり、それを使って学習することで、「絶対に間違いではない」特徴量を見つけ出す。そして、「絶対に間違いではない」特徴量であるがゆえに、その特徴量を使った高次の特徴量も見つけることができるのである。

このような「ちょっと違った過去」を使えばいいということが、私もわかっていなかったし、ほかの研究者もわかっていなかった。1個1個の抽象化の作業が非常に堅牢であることによって、2段目、3段目と積み上がったときにも効果を発揮する。家を建てるときに、1階部分がグラグラしていれば、2階、3階を重ねていくのは無理がある。2階建て、3階建ての家をつくるには、結局、1階部分をきわめて頑健につくる必要があったのだ。

そして、ちょっとやそっとのことでは揺るがない頑健性を獲得するには、実は、ものすごい計算機パワーが必要だ。

たとえば、手書き文字の認識の28ピクセル×28ピクセルの画像は、画像データとしては非常に小さなサイズだが、1枚の画像につき数百から数千のノイズを加えただけで、普通のパソコンで計算するのに2日くらいかかる。もっと解像度の高い画像でトレーニングしようと思うと、2015年現在のマシンスペックでも、GPU（画像処理ユニット）が入ったサーバーを数台以上つなげてようやく精度が上がるレベルである。グーグルのネコ認識の研究では、前述のように、1000台のサーバーを使っており、これは金額にして100万ドル（1億円）分である。（注44）

10年以上前のマシンでは望むべくもなかったが、マシンパワーが飛躍的に高まった現在になって、ようやく頑健性を高めること、それによってニューラルネットワークを多段にして、高次の特徴量を得ることが可能になってきたのである。

頑健性の高め方

頑健な特徴量や概念を見つける方法は、ノイズを加えて「ちょっと違った過去」をつくり出すやり方だけではない。

たとえば、ドロップアウトといって、ニューラルネットワークのニューロンを一部停止させる。隠れ層の50％のニューロンをランダムに欠落させるのだ。言ってみれば、「あなたがつくった特徴表現の中で、今回は、全国、日本海側、関東、四国、沖縄のデータは使えません。さあ、47都道府県の天気を予想してください」という問題を解くのである。

その結果、何が起こるか。東北地方の天気には「東北」の項目を使えばいいと思っていたのだが、東北のデータが使えないことがあるわけだ。そうすると、東北のデータが使えないときにも、東北地方の天気がある程度予想できるように、ほかの項目を工夫する必要がある。太平洋側、日本海側という項目があれば少し安心だ。あるいは、日本海側という項目が使えないときのために、東北とか北陸という分け方で持っておくことも重要だ。このように、ある特徴量がほかの特徴量をカバーするように、最適化されていく。ある特徴量に過度に依存した特徴表現がなくなる。そもそも、ある特徴量だけに依存しすぎるのは危険だ。つまり、一部分の特徴量を使えなくすることが、適切な特徴表現を見つけることに有効に働くのである。

ほかにも、ニューラルネットワークにとって、「過酷な環境」がいろいろと研究されている。そこまでいじめ抜かないと、データの背後に存在する「本質的な特徴量」を獲得できないのである。画像認識の精度が上がらなかったのは、頑健性を高めるためにいじめ抜くという作業の重要性（専門的に言うと、正則化のための新しい方法）に気づいていなかったため、そして、そもそもマシンパワーが不足してできなかったためである。科学的な発見はいつもそうだが、発見されてしまえば、何ということはない、単純で自明なことだったりする。実際、多くの研究者が考えていた「自己符号化器をベースに特徴量を多段にしていけばよい」という予想は正しかったのである。

基本テーゼへの回帰

第1章で述べたように、もともと、人間の知能はプログラムで実現できないはずはない。ところが、それが人工知能の分野で長年実現できなかったのは、コンピュータが概念を獲得しないまま、記号を単なる記号表記としてのみ扱っていたからだ。記号を「概念と記号表記がセットにしたもの」として扱ってこなかった、あるいは扱うことができなかったからである。

そのために、現実世界の中から「何を特徴表現とするか」は、すべて人間が決めてきた。決めるしかなかった。コンピュータの能力がいまほど高くなく、記号をそれのもとになる低次の情報とあわせて扱うことなどできなかったからだ。そこがすべての問題の根源になっていた。

ディープラーニングの登場は、少なくとも画像や音声という分野において、「データをもとに何を特徴表現すべきか」をコンピュータが自動的に獲得することができるという可能性を示している。簡単な特徴量をコンピュータが自ら見つけ出し、それをもとに高次の特徴量を見つけ出す。その特徴量を使って表される概念を獲得し、その概念を使って知識を記述するという、人工知能の最大の難関に、ひとつの道が示されたのだ。

もちろん、対象は画像や音声だけではないし、これだけですべての状況における「特徴表現の問題」が解決されたとはとても思えない。しかし、きわめて重要なひとつのブレークスルーを与えているのは間違いない。

「人間の知能がプログラムで実現できないはずがない」と思って、人工知能の研究はおよそ60年前にスタートした。いままでそれが実現できなかったのは、特徴表現の獲得が大きな壁となって立ちふさがっていたからだ。ところが、そこにひと筋の光明が差し始めている。暗い洞窟の先に、いままで見えなかった光が届き始めた。できなかったことには理由があり、それが解消されかけているのだとしたら、科学的立場としては、基本テーゼに立ち返り、「人間の知能がプログラムで実現できないはずはない」という立場をとるべきではないだろうか。

いったん人工知能のアルゴリズムが実現すれば、人間の知能を大きく凌駕する人工知能が登場するのは想像に難くない。少なくとも、私の定義では、特徴量を学習する能力と、特徴量を使ったモデル獲得の能力が、人間よりもきわめて高いコンピュータは実現可能であり、与えられた予測問題を人間よりもより正確に解くことができるはずである。それは人間から見ても、きわめて知的に映るはずだ。

人間の脳は、さまざまな点で物理的な制約がある。たとえば普通の人より脳のサイズが10倍大きな人は存在しない。しかしコンピュータの場合には、コンピュータ1台でできることは、10台にすれば10倍に、100台にすれば100倍になる。人間の知能レベルになるということは、すなわち人間の知能を超えるということと同じである。

特徴表現の獲得能力が、言語概念の理解やロボットなどの技術と組み合わせられることで、可能性としては、すべてのホワイトカラーの労働を代替しうる技術となる。それがどのくらいありうることなのかについては終章でくわしく述べるが、少なくとも、そう思って初期の人工知能は研究されていたはずである。そのインパクトははてしなく大きい。

いまこの時代に、もう一度、この基本テーゼに戻るべきだ。

「人間の知能がプログラムで実現できないはずはない」

（注35）もちろん、画像特有の知識（事前知識）をいくつか用いているので、完全に自動的につくり出せるわけではない。

（注36）ディープラーニングは「特徴表現学習」のひとつである。通常は「表現学習」（representation learning）と呼ばれるが、本書では、特別に、特徴表現学習と呼んでいる。というのは、「表現学習」という言葉はわかりにくく、誤解を生みやすいからだ。英語のrepresentationという言葉は、represent（代表するもの）という意味合いがあり、ものごとを代表して表すもの、という意味合いがある。あるいは、re-present（ふたたび－現れる）という意味もある。ディープラーニングが、自己符号化器で情報をよく復元するような表現をつくるというニュアンスが見事に含まれており、representation learningというのはきわめて適切な用語である。

ところが日本語で「表現」というと、たとえば、文学や絵の作品のような「表現されたもの」をイメージしてしまう。歴史的には、人工知能ではknowledge representationを知識表現と訳してきたが、知識を「表現する」ことと、特徴が「表現される」ことは主体、客体が異なり、「表現される」という意味で使うのは日本語だと少し違和感がある。哲学では「表象」と翻訳されることもあるが、少し難しい用語である。そこで、すでに浸透している「表現学習」という言葉とできるだけ齟齬《そご》がないように、省略されている意味（feature representation）をあえて補って、本書では「特徴表現学習」と呼んでいる。それにあわせて、featureも「素性」ではなく「特徴量」と呼んでいる。

（注37）これはvanishing gradient problem（消滅する勾配問題）と呼ばれる。最近になって、この問題により解けなかったのではなかったことも明らかになってきた。パラメータ数が増えるので、局所解が増え、過学習しやすくなるという問題もある。

（注38）ディープラーニングは、1層ずつ学習していくものに限るわけではない。また、オートエンコーダー以外にも、リストリクティッド・ボルツマンマシン（Restricted Boltzmann Machine, RBM）を用いる方法もあるが、原理はほぼ同じなので、ここではオートエンコーダーだけを説明する。くわしくは、人工知能学会誌の連載解説「Deep Learning（深層

学習)」(2013年5月号から2014年7月号までの全7回)を参照いただきたい。

(注39) ジェフ・ホーキンス『考える脳　考えるコンピューター』(ランダムハウス講談社、2005年)

(注40) たとえば、日本海側や太平洋側という言い方は、天気での相関関係から便利であるからよく使われている概念であろうから、これを天気データだけから再現できるとしても驚くことではない。

(注41) 実際には、必ずしも細くくびれている必要性はない。

(注42) 自己符号化器と主成分分析にはいくつか違いがある。まず、自己符号化器の場合には、非線形な関数を用いている(というより、任意の関数を用いることができる)。2つ目は、主成分分析では通常、第二主成分は第一主成分の残余から計算されるので、第一主成分の影響を強く受ける。第三主成分は、第一、第二主成分の影響を強く受ける。したがって、高次の主成分になると、ほとんど実質的な意味がなくなってくる。

(注43) Quoc V. Le, Marc-Aurelio Ranzato, Rajat Monga, Matthieu Devin, Greg Corrado, Kai Chen, Jeffrey Dean, Andrew Y. Ng: Building high-level features using large scale unsupervised learning. ICML 2012. なお、画像認識などに使われているものは、あらかじめ問題に適した構造を入れた畳み込みネットワークを普通に誤算逆伝播させるものが多く、自己符号化器を使わないものも多い。グーグルのネコ認識の研究は、畳み込みネットワーク＋自己符号化による事前学習である。

(注44) その後、GPUを活用することで、ずっと小規模のマシン(たとえば16台のPC)でも同様の学習が同程度の時間でできるようになっている。Coates, Adam, et al. "Deep learning with COTS HPC systems." Proceedings of The 30th International Conference on Machine Learning. 2013.

第6章

人工知能は人間を超えるか
——ディープラーニングの先にあるもの

ディープラーニングからの技術進展

ディープラーニングは特徴表現学習の一種であり、その意義の評価については、専門家の間でも大きく2つの意見に分かれている。

1つは、機械学習の発明のひとつにすぎず、一時的な流行にとどまる可能性が高いという立場である。(注45) これは機械学習の専門家に多い考え方だ。もう1つは、特徴表現を獲得できることは、本質的な人工知能の限界を突破している可能性があるとする立場である。こちらは機械学習よりも、もう少し広い範囲を扱う人工知能の専門家に多いとらえ方である。

本書は、後者の立場に立つ。専門家は往々にして技術の可能性を見誤るものだし、本書でこれまで述べてきたような歴史的経緯を考えると、特徴表現学習の壁を突破できる意義はきわめて大きいと思うからだ。

ディープラーニングの研究は現在、画像を読み込んで特徴量を抽出するところまでは実現している。特徴表現学習の基礎技術という意味では、50年来のブレークスルーと呼んでよいと思うが、これから起きると予想される人工知能技術全体の発展から見れば、ほんの入り口にすぎない。図25は私が予想する今後の技術の進展である。おそらく、「特徴表現を学習する」という技術を使って、いままでの人工知能の研究がもう一度なぞられるような発展を遂げていくのではないかと私は考えている。

①画像特徴の抽象化ができるAI→②マルチモーダルな抽象化ができるAI

画像を見て特徴量を抽出して「見分ける」というのは人間の「視覚」に相当するが、人間は聴覚や触覚といったそれ以外の感覚器も持っている。たとえば音には色や形がないように、本来、視覚と聴覚、触覚はデータの種類としてまったく異なるのだが、脳の面白いところは、こういったデータの種類に依存せず、同じ処理機構で処理が行われているる点である。ディープラーニングでも同様で、さまざまなデータに対して同じような手法が適用できるはずだ（あるいは、そのように改良される必要がある）。

その際に大きいのは、まず時間を扱うこと、つまり画像で言えば「動画」である。動画でも1枚1枚のパラパラ漫画のような画像にバラして処理することもできるが、それは本質的なやり方ではない。時間をまたがる大局的な文脈を理解する必要があり、時間の扱いは案外難しい。（注46）そして、視覚系だけでなく、音声や圧力センサーといった、画像以外の情報も取り込むことによって、マルチモーダルな（複数の感覚のデータを組み合わせた）抽象化ができるようになるはずだ。

たとえば、触った感覚というのは、圧力センサーの時系列の変化である。人間がネコの動き、鳴き声や音、触り心地など、さまざまな情報を組み合わせて「ネコ」だと認識しているのと同じことを、コンピュータに処理させる必要がある。

③行動と結果の抽象化ができるＡＩ

次に必要になるのは、コンピュータ自らの行為と、その結果をあわせて抽象化することである。

人間の脳からすると、自分自身の身体が動こうが、その結果、何か視覚に入ってくるものに変化が起ころうが、「脳の外部から入ってくるデータ」という意味では同じである。ところが、人間は生き物なので、「自分が指令を出したから身体が動き、それによって目に見えるものが変化した」というデータが入ってくるのか、それとも「身体は動かしてないのに、目に見えるものが変わったのか」を区別する必要がある。つまり、ドアを開けたからドアが開いたのか、勝手にドアが開いたのかは、人間の生存にとって非常に重要な差異である。敵が潜んでいるかもしれないからだ。

図25　ディープラーニングの先の研究

入力データ	獲得する能力	関連領域
人類が蓄積してきた大量の言語データ →	⑥言語を通じての知識獲得（人間を超える?）	知識獲得のボトルネック解消 高次社会予測
言語データ →	⑤言語と概念のグラウンディング	シンボルグラウンディング問題、言語理解
試行錯誤の連続的な行動データ →	④一連の行動を通じた現実世界からの特徴量の取り出し	推論・オントロジー 高度な状況の認識
自分の行動データ＋観測データ →	③「行動と結果」の特徴表現と概念の獲得	プランニング フレーム問題の解決
観測データ（動画＋音声＋圧力など） →	②マルチモーダルな特徴表現と概念の獲得	環境認識 行動予測
画像データ →	①画像からの特徴表現と概念の獲得	画像認識精度の向上

人間は、自分を取り巻く環境からさまざまな情報を読み取っているが、単にじっと座って観察を続けているわけではない。赤ちゃんのころから、ものをつかんだり、放したり、引っ張ったり、ちぎったり、投げたり、いろいろなことをしている。その中から、「ものを動かす」とか「ものを押す」という概念を獲得していく。

こうして、自らの行動と結果をセットで抽象化することのメリットは、「まず椅子を動かして、その上に乗って、高いところにあるバナナを取ろう」というような、「行動の計画」が立てられるようになることだ。

人間は、(時には必要以上に)原因と結果という因果関係でものごとを理解しようとするが、それはつまり、動物として行動の計画に活かしたいからだろう。「何かをしたからこうなった」という原因と結果で理解していれば、それらをつなぎ合わせることで目的の状態をつくり出す「計画的な行動」が可能になる。「椅子を動かす」「椅子の上に乗る」などの行動と結果の抽象化ができていないと、椅子を動かしてバナナを取ることはできないのだ。

ただし、「押す」という動作の獲得だけでも、そう単純ではない。たとえば、ロボットがテーブルを1の力で押しても動かなかった。2の力で数ミリ動き、3の力で押せば動かせることがわかった。そういう経験を繰り返して、「ものを押す」という行動が抽象化できる。つまり、「押す」という行動ひとつとっても、軽いものは小さな力で、重いものは大きな力で押すように人間は学習している。(注47)

実は、こうした動作の抽象化の研究は、発達認知に関係したロボットの研究として以前から進んでおり、国内では、東京大学の國吉康夫氏や大阪大学の浅田稔氏、ATR(国際電気通信基礎技術研究所)の川人光男氏などが有名である。

「行動」するのは、必ずしも物理的なロボットである必要はない。たとえば、グーグルが買収したディープ・マインド・テクノロジーズ社は、これをコンピュータゲームの中で実践している。ブロック崩しやインベーダーゲームのような単純なゲームにおいて、

・弾が前から飛んできたときに〈前提条件〉
　右に動いたら〈行動〉
　スコアが上がった〈結果〉

といったセットを学習している。ウェブの中で動作するエージェントなどに対して、こうした「動作の概念」を獲得することは、実は試行錯誤の回数を非常に多くできるという意味で、コンピュータ向きの方法かもしれない。

図25の①と②の段階では、人工知能は外界にあるものを観察しているだけだった。ところが、③では自分もその中に入り込んで、外界と相互作用をしながら、自分と外界の関係性を学ぶことになる。この段階で、ナビゲーションや外界のシミュレーション、あるいはより一般化したものとしての「思考」といったプロセスも必要になってくるはずである。

④行動を通じた特徴量を獲得できるＡＩ

続いて、そういう行動ができるようになると、「行動した結果」についても抽象化が進む。実は、外界との相互作用による動作概念の獲得は、新たな特徴量を取り出す上でとても重要である。

昔から私が使っている例であるが、「素数かどうか」という特徴量をどのように獲得すればよいかという問題がある。２は素数、３も素数、４は素数でない、５は素数である。たとえば、パズルゲームで、主人公の持つアイテムの数が素数であれば敵を倒せて、素数でなければ倒せないという状況があったときに、「アイテムの数が素数であるかどうか」という特徴量をつくることができれば、この問題は解きやすくなる。

ところが、素数かどうかという特徴量は、「１から順番にその数を割っていって、１

以外に割り切れるものがあったら素数でなく、割り切れるものがなければ素数」というような手続きの組み合わせによってしか定義できない。実は、世の中の特徴量と呼ばれるものには、こうした「一連の行動の結果として世界から引き出される特徴量」も多いのである。

ゲームが簡単にクリアできるか、難しいのかといった難易度は、実際にゲームをしてみないことにはわからない。将棋のある盤面を見て「形勢が苦しい」かどうか、ある数学の問題を見て「解きやすい」かどうか、あるコップを見て「割れやすそう」かどうか、というのは、動作してみた結果を、逆に「そのもの自身の性質」としてとらえているのである。

「やさしい」「難しい」などの形容詞的な概念は、何度もゲームをしてみて初めて獲得できる抽象的な概念だ。割れやすいコップというときも、押すと割れる、落とすと割れるという行動と結果のセットがあるからわかることで、「割れやすい」「割れにくい」という形容詞も、ガラスや陶器、プラスチックなどの素材によって、あるいはコップの形状や厚みによって、どういうときにどれだけ割れるか、何度も試してみて初めて獲得できる概念である。

③の学習が進めば、そうした抽象的な概念もコンピュータが学ぶようになる。ひとま

とまりの動作がものごとの新しい特徴を引き出す。人間でいうと、「考えてアッと（特徴量に）気づく」「やってみてコツが（特徴量が）わかる」というようなことが起こる。

いったん動作を通じた特徴量を得ることができれば、次からは見た瞬間、割れやすいコップだから気をつけて扱おう、やわらかいソファだから座ったらこれくらい身体が沈むだろうという予測が立ちやすくなる。周囲の状況に対する認識が一段階深くなり、ロボットの行動はより環境に適したものになる。

⑤言語理解・自動翻訳ができるＡＩ

ここまでくると、われわれが日常的に使っている「概念」はほぼ出そろうはずである。もちろん、それはこうした人工知能が存在する環境に依存する。人間が生活する環境で、人間並みの「身体」を持てば、人間がつくり上げる概念にある程度近いものは獲得できるはずだ。ネット上でのみ行動する人工知能であれば、ネット上にある事象をベースとしてそこから引き出される抽象概念は獲得することができる。

その結果、コンピュータが「言語」を獲得する準備が整う。先に「概念」を獲得できれば、後から「言葉（記号表記）」を結びつけるのは簡単だからだ。

「ネコ」「ニャーと鳴く」「やわらかい」という概念はすでにできているから、それぞれに「ネコ」「ニャーと鳴く」「やわらかい」という言葉(記号表記)を結びつけてあげれば、コンピュータはその言葉とそれが意味する概念をセットで理解する。つまり、シンボルグラウンディング問題が解消される。シマウマを1回も見たことがないコンピュータも、「シマシマのあるウマ」と聞けば、あれがシマウマだと一発でわかるようになる。

ここでは、概念が言葉(記号表記)と結びつけられることが重要であり、その言葉が何語なのかは問われない。つまり、ある概念に英語を結びつけるのも、日本語にするのも、中国語にするのも、労力としては変わらない。コンピュータによる翻訳が本当に実用に耐えるものになるとすれば、この段階にきてからである。機械翻訳というのは、身近なだけに簡単な技術に思えるかもしれないが、実は、かなり高度な技術なのである。

もちろん、文化や言語によって用いられる概念はさまざまである。たとえば、英語には「punctual」というよく使われる形容詞があり、「時間に正確だ」という意味で、「He is a punctual person.(彼は時間に正確な人だ)」というふうに使う。ところが、これに1対1で対応する日本語の単語はない。どうしても「時間に正確だ」と2単語を使って表現しなければならない。

言葉で表される概念は、ひとりの人間がつくり出す概念のうちでも、普遍性が高く、ほかの個体とやりとりできる概念である。逆に、特定の仕事に依存する概念は、その業界の人には通じるが、一般の人には通じないこともある。

また、スポーツなど、個々の身体の特性にあまりに強く依存する概念は、言語化するのが難しい場合が多い。巨人の長嶋茂雄終身名誉監督が、打ち方を説明するのに「シュッと振ってバーンだ」と言ったりするのも、微妙な身体の動きを言語化するのが難しいからなのかもしれない。(注48)

⑥知識獲得ができるAI

コンピュータが人間の言葉を理解できるようになるということは、コンピュータの中に何らかのシミュレータが備えられており、「人間の文章を読むとそこに何らかの情景が再現できるようになっている」ということである。

すると、コンピュータも本が読めるようになる。いろいろな小説を読んで、「望遠鏡で覗くのは男のほうが多い」ことも理解するかもしれない。また、ウィキペディアをはじめとした膨大なウェブの情報も読めるようになる。そこまでいけば、コンピュータはものすごい勢いで人類の知識を吸収していくだろう。

実際の進展のしかたはこれとは多少違っているかもしれないが、大まかに言うと、こ

図26　人工知能研究の心象風景

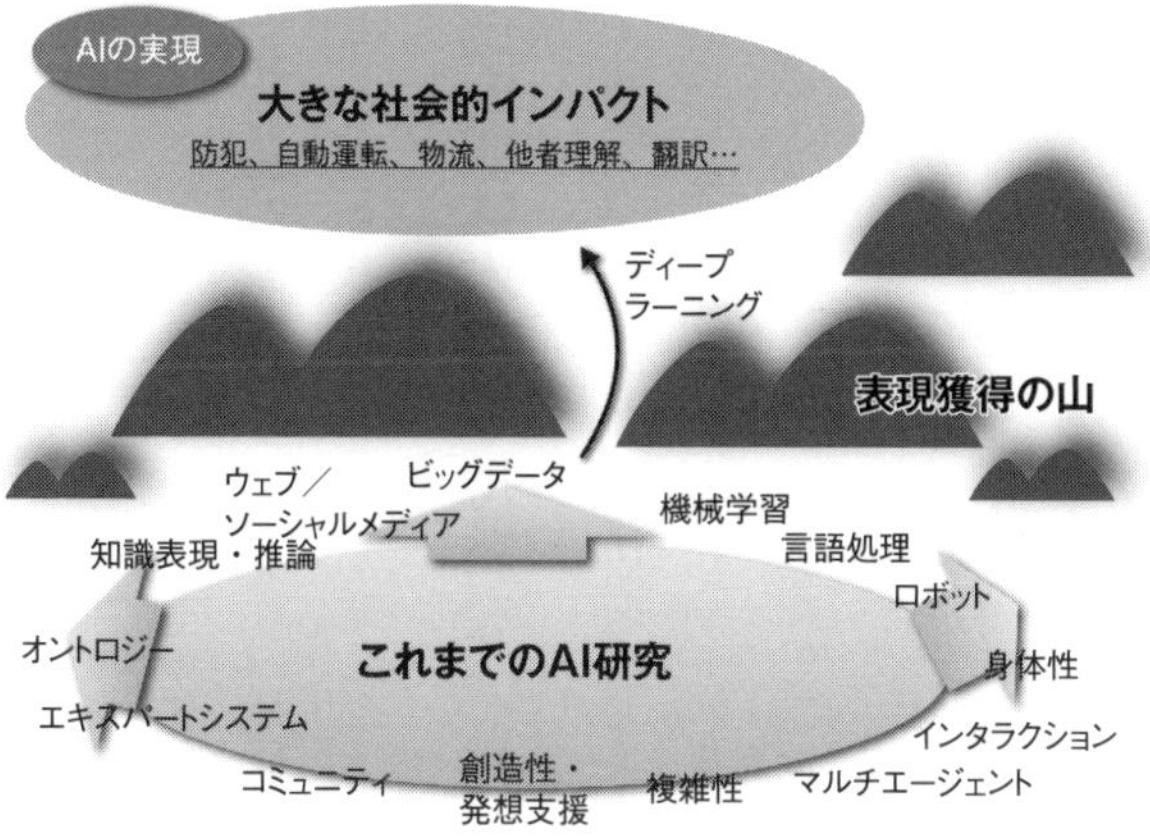

のような技術のロードマップに従って、人工知能研究は進展していくのではないかと思う。そして、意味表現、身体性、プランニング、オントロジー、推論、言語獲得、知識獲得という人工知能で研究されてきたトピックが、ふたたび「特徴表現学習」という技術進化を踏まえて研究される。このように見ると、「主に画像を対象とした」「特徴表現学習のひとつの手法としての」ディープラーニングがすごいというよりも、特徴表現学習ができるようになった先の世界観がすごいのである。

図26は、人工知能研究についての私の心象風景を模式的に表したものだ。ＡＩを実現するために、これまでいろいろな

研究が行われてきて、そのたびにさまざまなトピックが取り上げられてきたが、結局、「特徴表現をどう獲得するか」というのが最大の関門で、その山を越えられなかった。ところがいま、ビッグデータと機械学習の間に抜け道ができた。それがディープラーニングで、ここを抜けていくと、その先にとても肥沃《ひよく》な世界が広がっているということである。社会的なインパクトも大きい。この先にまだいろいろな山があるのかもしれない。しかし、人工知能は長い停滞の時を超えて動き出したのだ。

人工知能は本能を持たない

人工知能が発展すると、人間と同じような概念を持ち、人間と同じような思考をし、人間と同じような自我や欲望を持つと考えられがちだが、実際はそうではない。

まず、人間が「知識」として教えるのではなく、コンピュータが自ら特徴量や概念を獲得するディープラーニングでは、コンピュータがつくり出した「概念」が、実は、人間が持っていた「概念」とは違うというケースが起こりうる。

人間がネコを認識するときに「目や耳の形」「ひげ」「全体の形状」「鳴き声」「毛の模様」「肉球のやわらかさ」などを「特徴量」として使っていたとしても、コンピュータはまったく別の「特徴量」からネコという概念をつかまえるかもしれない。人間がまだ言語化していない、あるいは認識していない「特徴量」をもってネコを見分ける人工知能があったとしても、それはそれでかまわない、というのが私の立場だ。

そもそも、センサー（入力）のレベルで違っていたら、同じ「特徴量」になるはずがない。人間には見えない赤外線や紫外線、小さすぎて見えない物体、動きが速すぎて見えない物体、人間には聞こえない高音や低音、イヌにしか嗅ぎ分けられない匂い、そうした情報もコンピュータが取り込んだとしたら、そこから出てくるものは、人間の知らない世界だろう。そうやってできた人工知能は、もしかしたら「人間の知能」とは別のものかもしれないが、間違いなく「知能」であるはずだ。

人間は言葉を話す。特に、「文法」を使って文の形でものごとを描写したり、書き綴ったりする。では、文法はどのように獲得できるのだろうか。有名な言語学者のノーム・チョムスキー氏は、人間は生得的な文法（普遍文法）を備えていると言った。私の考えもこれに近い。

ディープラーニングにより得られた特徴表現を使って、ほかの人間に何らかの情報を伝達しないといけないとしよう。主に伝えるべきは、敵が迫っているとか、食べ物があるとかいう現在の状況である。このときに、ある人が見ている「絵」をどのようにほかの人に伝えられるだろうか。

もちろん、コンピュータが画像を転送するときのように、左上のドットから1画素ずつ説明していく方法もある。が、あまりにも非効率だろう。概念の抽出はうまくできているのだから、それを利用したほうがよさそうだ。考えられる効率的な描写はこうだ。「画面の真ん中にXがある。Xは人間で私の友人だ。その近くにYがある。それはライオンだ。そしてYはとても怒っている」(つまり、自分の友人がライオンに襲われそうになっている)

このように情報を「エンコード(符号化)」して記述していくのではないだろうか。そしてそれを受け取る側も、これと対応するデコーダー(復号化器)があれば、これと近いものを再現することができる。つまり、異なる人間同士で復元エラーを下げようとすると、何らかの「関係性に基づく」描写が効率的であり、それが人間の持つ文法構造として生まれつき埋め込まれていたとしても不思議ではない。要するに、「お絵描きの方法」が人間の脳に生まれつき組み込まれているということである。

そして、このお絵描きの方法は、ディープラーニングのように数学的に合理性のあるものでなくとも、複数の個体で共通の了解がありさえすればよい。たとえば、われわれが電話をするときに、「もしもし、◯◯です」という言葉で会話を始めることに特に深い意味はないのと同じである。「もしもし」というのは通話開始のサインであること、その次は「○○です」と名乗るのが普通であることを、お互いにわかっていればよいのである。

その意味で、お絵描きの方法にはおそらく恣意性《しい》があり、そのうちのひとつの方法が生得的に埋め込まれているとしたら、それをコンピュータに埋め込まないと、人間と同じような文法を獲得するのは難しいかもしれない。

もう1つ重要なのが、「本能」だ。本能といっても、脳に関することであり、要は何を「快」あるいは「不快」と感じるかということである。

人間が獲得する概念の中には、単に復元エラーを最小化するだけでなく、何が「快」か「不快」かによって方向づけられているものも多い。たとえば、自分が好きなゲームや漫画についてはやたらにくわしくなる。自分が熱中しているスポーツでは、より細かいところまで状況が理解できる。こうしたことは、人工知能の分野では「強化学習」として知られている。何か報酬が与えられて、その結果を生み出した行動が「強化」されるという仕組みである。そして、この強化学習の際に重要なのは、何が報酬か、つまり、何が「快」で何が「不快」なのかだ。

人間の場合、生物であるから基本的に、生存（あるいは種の保存）に有利な行動は「快」となるようになっており、逆に生存の確率を低くするような行動は「不快」となるようにできている。

おいしいものを食べるのは「快」だし、ぐっすり寝るのも「快」だ。魅力的な異性と話すことも「快」かもしれない。一方、おなかが空くこと、身の危険を感じること、暑すぎることや寒すぎることは「不快」だ。さらに人間は社会的な動物であるから、ほかの個体が喜ぶと「快」と感じるような本能も埋め込まれているだろう。

こうした本能に直結するような概念をコンピュータが獲得することは難しい。たとえば「きれい」という概念は、おそらく、長い進化の中でつくり上げられた本能と密接に関連している。美しい異性を見て「きれい」と感じるだけでなく、景色を見て「きれい」とか、動きを見て「きれい」と感じるのはなぜだろうか。

一方、「危ない」というのはわかりやすく、身体に物理的な損傷のリスクが迫っていると「危ない」と感じる。そのため、コンピュータにとっての「危ない」は人間と異なる概念になるかもしれない。こうした「本能」に由来することは、基本的には、進化を経て生み出されるものであり、個体の一生のうちに発現し、発展する知能とは異なる。

いずれにしても、こうした「人間と同じ身体」「文法」「本能」などの問題を解決しないと、人工知能は人間が使っている概念を正しく理解できるようにはならないかもしれない。

ドラえもんのように、人間と人工知能がまったく齟齬《そご》なくコミュニケーションできるような世界をつくるのは、実際にはかなり難しい。また、人間の日常生活に相当入り込んでくるロボットでない限りは、「人間とそっくりな概念を持つこと」の必要性は高くない。それよりも、予測能力が単純に高い人工知能が出現するインパクトのほうが大きいだろう。

コンピュータは創造性を持てるか

よく創造性がコンピュータで実現できるかと聞かれるが、創造性というのは、2つの意味があり、区別しなければならない。1つは個人の中で日常的に起こっている創造性で、もう1つは社会的な創造性である。

概念の獲得、あるいは特徴量の獲得は創造性そのものである。個人の内部で日常的に起こっているので、特に創造的であるとは思わないかもしれないが、あることに「気づく」のは創造的な行為である。「アハ体験」という言い方をしてもいいかもしれない。

複数のものを説明する1つの要因（あるいは特徴量）を発見したとき、ものごとがよりスッキリ見える。そうしたレベルの創造性は日常的に起こっている。

一方で、社会の誰も考えていない、実現していないような創造性は、いわば「社会の中に以前考えた人がいるかどうか」という相対的なものである。たとえば、新しいビジネスアイデアを考えたとして、それをすでに考えて実行している人がいれば創造的でないが、誰も考えていなければ創造的と言われる。誰もが考えつくようなことは創造性が低いとみなされるので、創造的なものは数が少なくて当然である。

人間は試行錯誤によっても創造する。これは、環境とインタラクション（相互作用）することで、ある一連の行為によって環境が変化し新しい性質が引き出される、あるいは、それによって自分の中にある情報の新しい特徴量が生まれるということである。赤ちゃんが手を伸ばすと、ものをつかむことができた。これも立派な創造性である。

先ほどの「④行動を通じた特徴量を獲得できるＡＩ」の段階に達すれば、人工知能も試行錯誤ができるようになるだろう。環境とのインタラクションが起きるようになれば、試行錯誤による創造性ということも自然に起こるはずだ。

知能の社会的意義

人間は社会的な動物である。ひとりでは生きていけない。一人ひとりの脳では、ものごとの特徴表現が次々に学習されているが、人間社会は、こうした個体がまとまって社会をつくっている。その意味を人工知能の観点から考えるとどうなるだろうか。

言語の果たす役割とも関係があるが、社会が概念獲得の「頑健性」を担保している可能性がある。複数の人間に共通して現れる概念は、本質をとらえている可能性が高い。つまり「ノイズを加えても」出てくる概念と同じで、「生きている場所や環境が異なるのに共通に出てくる概念」は何らかの普遍性を持っている可能性が高いのだ。言語は、こうした頑健性を高めることに役立っているのかもしれない。

そう考えると、人間の社会がやっていることは、現実世界のものごとの特徴量や概念をとらえる作業を、社会の中で生きる人たち全員が、お互いにコミュニケーションをとることによって、共同して行っていると考えることもできる。進化生物学者のリチャード・ドーキンス氏が唱えた、人から人へ受け継がれる文化的な情報である「ミーム」も近い考え方だが、現実世界を適切に表す特徴表現を受け継いでいると考える点は異なる。(注49)

そして、そうして得た世界に関する本質的な抽象化をたくみに利用することによって、種としての人類が生き残る確率を上げている。つまり、人間という種全体がやっていることも、個体がやっているものごとの抽象化も、統一的な視点でとらえることができるかもしれない。「世界から特徴量を発見し、それを生存に活かす」ということである。

企業などの組織の構造も、「抽象化」という観点で見ると、特徴表現の階層構造と近いものがある。下の階層の人は現場を見ている。上に行くと抽象度が上がる。一番上は最も大局的な情報を見ている。これが上下に連携をとることで、組織としての的確な認識、およびそれに基づく判断をしているのだ。

脳内で行われる、あるいはディープラーニングが行っている抽象化は、符号化（エンコーディング）と復号化（デコーディング）として実現されている。そのことと通信、つまり異なる主体が情報をやりとりすることは、本質的にきわめて近い。そのため、組織内でやりとり（通信）をすることによって、組織自体が脳と同じような抽象化の機構を持つというのも不思議ではない。

認知心理学者のジェラルド・エーデルマン氏は、脳の中にも種の進化と同じ、選択と淘汰のメカニズムが働いていると主張した。(注50) われわれが生きるこの世界において、複雑な問題を解く方法は、実は、選択と淘汰、つまり遺伝的な進化のアルゴリズムしかないのかもしれない。優れたものは繁栄し、そのバリエーションを残し、劣ったものは淘汰される。人間の脳の中でも、予測という目的に役立つニューロンの一群は残り、そうでないものは消えてゆくというような構造があるのではないだろうか。

私の研究室では、ディープラーニングをこうした選択と淘汰のメカニズムによって実現しようという研究を行っている。組織の進化も、生物の進化も、脳の中の構造の変化も、実は同じメカニズムで行われているのではないか。そう考えると、個人と組織、そして種との関係性は思ったよりも密であり、そして「システムの生存」というひとつの目的に向けて、備わっているのかもしれない。

シンギュラリティは本当に起きるのか

人工知能はいったいどこまで進化するのだろうか。

序章でも触れたように、2014年の暮れ、スティーブン・ホーキング氏はインタビューに答えて、「完全な人工知能を開発できたら、それは人類の終焉を意味するかもしれない」と語った。「人工知能の発明は人類史上最大の出来事だった。だが同時に、『最後』の出来事になってしまう可能性もある」とも述べている。人工知能が自分の意思を持って自立し、自分自身を設計し直すようになるかもしれなくなったときには、人類は太刀打ちできないという危惧である。

テスラモーターズやスペースXのCEO、イーロン・マスク氏は「人工知能にはかなり慎重に取り組む必要がある。結果的に悪魔を呼び出していることになるからだ。ペンタグラムと聖水を手にした少年が悪魔に立ち向かう話をみなさんもご存じだろう。彼は必ず悪魔を支配できると思っているが、結局できはしないのだ」と述べている。

そうした議論の中で最も極端なものが、シンギュラリティ——技術的特異点がくるという議論である。著名な実業家レイ・カーツワイル氏がこの概念を提唱しており、シンギュラリティ大学という教育プログラムまでつくっている。カーツワイル氏は、人工知能、遺伝子工学、ナノテクノロジーという3つが組み合わさることで、「生命と融合した人工知能」が実現するという立場だ。

シンギュラリティというのは、人工知能が自分の能力を超える人工知能を自ら生み出せるようになる時点を指す。自分以下のものをいくら再生産しても、自分の能力を超えることはないが、自分の能力を少しでも上回るものがつくれるようになったとき、その人工知能はさらに賢いものをつくり、それがさらに賢いものをつくる。それを無限に繰り返すことで、圧倒的な知能がいきなり誕生する、というストーリーである。

ほんのわずかでも自分よりも賢い人工知能を生み出すことができた瞬間から、人工知能は新たなステージに突入する。数学的には、0・9を1000回かけるとほぼ0だが、

1・1を1000回かけると、非常に大きな数（10の41乗）になることから、容易に想像できるだろう。かけ合わせる数が1・0をわずかでも超えると、いきなり無限大に発散することから「特異点」と呼ばれている。

特異点の先は、誰も予測することができない。人間ではとうてい理解できないようなレベルに達する可能性すらある。人間が働かなくても社会の生産性が上がっていくとしたら、人間はいったい何をすればいいのだろうか。人間の存在価値はどうなってしまうのだろうか。

人工知能は人類始まって以来の最大のリスクなのか。人工知能は「人類最後の発明」になるのだろうか。

人工知能が人間を征服するとしたら

私の意見では、人工知能が人類を征服したり、人工知能をつくり出したりという可能性は、現時点ではない。夢物語である。いまディープラーニングで起こりつつあることは、「世界の特徴量を見つけ特徴表現を学習する」ことであり、これ自体は予測能力を上げる上できわめて重要である。ところが、このことと、人工知能が自らの意思を持ったり、人工知能を設計し直したりすることとは、天と地ほど距離が離れている。

その理由を簡単に言うと、「人間＝知能＋生命」であるからだ。知能をつくることができたとしても、生命をつくることは非常に難しい。いまだかつて、人類が新たな生命をつくったことがあるだろうか。仮に生命をつくることができるとして、それが人類よりも優れた知能を持っている必然性がどこにあるのだろうか。あるいは逆に、人類よりも知能の高い人工知能に「生命」を与えることが可能だろうか。

自らを維持し、複製できるような生命ができて初めて、自らを保存したいという欲求、自らの複製を増やしたいという欲求が出てくる。それが「征服したい」というような意思につながる。生命の話を抜きにして、人工知能が勝手に意思を持ち始めるかもと危惧するのは滑稽である。

思考実験として、仮に、人工知能が人工知能を生み出せたとして、人類を征服するにはどうすればいいかを考えてみよう。自分はマッドサイエンティストであり、人類に絶望しているというシナリオだ。私は次の方法を考えた。

①人工知能を生命化する方法（ロボット編）

ものごとを認識し、予測する人工知能はすでにできている。これを自ら増えるようにして、いつか人類を征服するようにしてしまおう。まず、人工知能が主体的に行動し、世界を観測できるように、ロボットをつなぐことにしよう。そして、「自分を残したい」「増やしたい」というような「欲望」を埋め込んでおこう。ロボットであれば、自分を再生産する必要があるので、ロボット工場を持っておく必要がある。しかし、工場でロボットを生産するには、ロボットの材料、鉄や半導体のようなものをつくるか、買ってこないといけない。鉄を自分でつくるのは大変だから、買ってくることにしよう。しかたないから人間から買うか。鉄を買ってくるにはお金を稼がないといけない。どうしようか……。

どうもロボットだと「自己を再生産するための工場をつくる」ところが大変そうなので、物理的な存在を持たないプログラムで考えてみよう。このほうがより簡単だ。

②人工知能を生命化する方法（ウイルス編）

認識能力の非常に高い人工知能をベースにして、自分自身のプログラムを自らコピーして増殖できるようになると、うれしいと感じる「欲望」を埋め込んでおこう。そして、人間を支配するとうれしいと感じる「欲望」を埋め込んでおこう。コピーは簡単だから、ウイルスのように増殖する。ウイルスを改変し続けるようなプログラムにすればよい。

人間を支配するには、どうすればよいだろうか。いろいろなデータベースにアクセスして人間の行動を学習し、彼らに思い通りの行動をとらせるようにすればよい。データベースにアクセスし、少しおかしな命令を試行錯誤で出していこう。そしてついには人類を思うがままに操れるはずだ……。

この人工知能はうまく動くだろうか。プログラムを一度でも書いたことのある人ならわかると思うが、そんなことは絶対にない。プログラムは、一部でも間違えると動かない。こんな巨大なプログラムを、ほかの人にバレないように、しかも試行錯誤せずにつくるのは不可能である。そして、進化のプロセスにおける淘汰圧を受けていないため、例外や環境の変化にとても弱い。

③人工的な生命に知能を持たせる方法

人工知能に生命を持たせる方法は、設計の段階から淘汰圧を受けていないがゆえに脆《もろ》かった。そこで今度は、先に生命を発生させ、そこに知能を埋め込むような方法をとろう。生命のつくり方は、環境を仮定し、選択と淘汰により、よいものを残すことで実現できる。

複数の人工知能が動く環境を用意してランダムな要素を組み込んでおき、さまざまな環境変化が起こっても生き残るものを増やしていく。人工知能の基本的な能力を備えるようにしておけば、知性が高い人工知能が出現し、それが人間と話し始め、人間を支配し始めるだろう……。

このシナリオもうまくいきそうにない。生命が出現し、それが知能を持つに至るまで、いったい何億年待たなければならないのだろうか。

こうした人工的な生命をつくり出す研究は、人工生命、進化計算などの分野で古くから行われている。生命現象は、知能と同じくらい深遠で興味深いものだが、生命が発生するということと、それが知能を持つということの間には、圧倒的な乖離《かいり》がある。地球上にいるあらゆる生物は人間よりも極端に知能が低く、哺乳類や鳥類、魚類などの一部の高等生物を除いて、ほとんどが生涯を通じて学習しない。

われわれ人類が預かり知らぬところで、少人数のマッドサイエンティストによって、人類を征服するような人工知能が生み出されるという話は、「自己再生産」という仕組みの難しさを理解していない人の意見であり、現実味がない。あるいは、「遺伝子工学と結びつくことで生命化するのだ」と言ったとして、どのように遺伝子工学が人工知能と組み合わされると自己再生産するものができるのかという、ごくわずかでも可能性のある方法は提示されていない。映画『ターミネーター』のような世界観は、馴染みのあるものではあっても、そうなる科学的な根拠は乏しいと言わざるを得ない。

人工知能が人間を征服する心配をする必要はない。それが私の現時点での結論である。

万人のための人工知能

そうはいっても、人工知能に対する社会的な不安があるとすれば、専門家はそれに応えていかなければならない。

人工知能学会では、２０１４年に倫理委員会を立ち上げ、人工知能が社会にもたらすインパクトについて議論を進めている。初代の倫理委員長は私が務めているが、そこでの議論を紹介しよう。

まず、先ほどの「人工知能が人間を征服する心配をする必要がない」という話と同じで、「技術の現状」に対する認識を正しく持つ必要がある。機械と人間が入り混じる社会になってきたのは紛れもない事実である。その意味で、人間の知的処理の幅はより広がっており、人間社会はそれに適応している。一方で、シンギュラリティで議論されているような「真に自己を設計できる人工知能」の実現は遠く、現在のところ、その糸口さえもつかめていない。それが技術の現状である。

とはいえ、人工知能の可能性を過小評価してはいけない。専門家は自らの技術を過小評価しがちである。人工知能は社会のインフラになることは確実であり、さまざまな問題が起きる前に議論を尽くす必要がある。専門家として、予見できるものは予見しておくべきであり、そこに何らかの線を引くべきかどうかも議論する必要がある。また、ありうる最悪のシナリオを考え、その対応を列挙することも専門家の果たすべき役割であろう。

こうした倫理観は研究者自身ではなく、社会全体がつくっていくものである。したがって、オープンに議論しなければならない。人工知能は「万人のためのもの」であるべきである。また、人工知能は「人間の尊厳」を犯してはならないだろう。

人工知能がこうした倫理観に沿って正しく使われるためには、使われる人工知能の動作や技術の透明性が高いこと、それが人間に説明可能であること、制御権を複数の人間(市民)に分散することなども重要な観点となるはずだ。いずれにしても、まず議論すべきは、「人工知能が将来持つべき倫理」ではなく、「人工知能を使う人間の倫理」や「人工知能をつくる人に対する倫理」である。

特定の職業がなくなる可能性があるように、人工知能の普及が短期にもたらす社会的あるいは個人への顕著な影響については配慮すべきであろう。科学技術の進化によって、労働が変化することはよくあることだとしても、大きな教育投資を受けた人が、その恩恵に預かれないということに対して、社会的な配慮が必要な場合があるかもしれない。また、生産性の向上による富の再分配をどうするかという問題もある。

どのような人工知能をつくればよいかという議論をする際に、「心」の問題は重要だ。心は生命と同等あるいはそれ以上に人間の本質を占め、心を持つ（あるいは一見すると心を持つように見える）人工知能をつくってよいかどうかというのは、大きな論点である。この点を考えておかないと、人工知能に恋愛感情を抱いてしまう、人工知能プログラムを停止させてよいかで争いが起きるなど、さまざまな問題を誘発する可能性がある。

こうした人工知能学会倫理委員会での議論は、研究者としての冷静な意見と、社会における開かれた役割を意識したものであると感じている。現時点で人工知能が暴走するような未来は考えられないが、そういった不安を社会が持つのであれば、それに対して専門家がその可能性と対策を示し、社会とコンセンサスをとる努力をし続けることに意味がある。社会を構成する一人ひとりが、この社会をどうしていきたいかが、最も重要なことなのだから。

最後の章では、具体的に、社会や産業がどう変わっていく可能性があるのか、その中で人・企業・国はどう動いていけばよいのかを述べていこう。

われわれは人工知能にどんな未来を描けばいいのだろうか。

（注45）たとえば、2000年代にはカーネル法（SVMなどに使われる）が機械学習の分野を席巻した。
（注46）リカレントネットワークに関する研究、たとえばLSTM（Long Short-Term Memory）と呼ばれるニューラルネットワークの研究が進んでいる。
（注47）0歳児の赤ちゃんを観察したことのある人であれば、赤ちゃんが「すさまじい力」で食べ物を握りつぶしてしまう場面を見たことがあるだろう。実際、すさまじくはないのだが、やはりコップをつかむときのつかみ方と、サンドイッチをつかむときのつかみ方は、大人は区別しているのである。
（注48）こうしたスポーツにおける言語化（あるいはメタ認知）の意義については、慶應義塾大学の諏訪正樹氏が研究を行っている。
（注49）リチャード・ドーキンス『利己的な遺伝子』（増補新装版、紀伊國屋書店、2006年）
（注50）ジェラルド・M・エーデルマン『脳は空より広いか「私」という現象を考える』（草思社、2006年）

終　章

変わりゆく世界
―― 産業・社会への影響と戦略

変わりゆくもの

私は変わりゆくものが好きだ。変化が好きだ。既存のものが衰退し、新しいものが出てくる話を聞くとワクワクする。

変化が好きなのは、「知能」という見えないものを追い求めているからかもしれない。知能というのは「もの」ではない。目に見えるものでも、触れられるものでもない。ある環境の中で機能を発揮する特定の仕組みであって、その見えない相互作用こそが知能である。

この時代、さまざまなものが変わっていくが、それは目に見える「もの」に注目しているからだ。古い産業が衰退し、新しい産業が生まれるということと、それらが本質的に提供している価値が増大し、生産性が向上しているということは矛盾しない。人が生まれ、そして死ぬということと、人間社会がよりよい社会になっていくということは矛盾しない。「ゆく河の流れは絶えずして、しかももとの水にあらず」というのは『方丈記』だが、目に見えるものが変わっていくことは、つまり目に見える存在理由と目に見えない存在理由が分離し、昇華し、違う形の形態として再構成されていくということでもある。

インターネットが情報流通における革命を起こし、以前は情報が流れなかったところにも、情報が流れるようになった。従来は、情報の流れと組織や社会システムが一体になって構築されていたが、それが引き離された瞬間に、組織や社会システムと関係のない情報の流れが生まれ、新たな付加価値を生んだ。情報を伝えるのは、必ずしも、先生から生徒へ、上司から部下へ、マスメディアから一般大衆へという固定された経路でなくてよかったのだ。

人工知能で引き起こされる変化は、「知能」という、環境から学習し、予測し、そして変化に追従するような仕組みが、これまた人間やその組織と切り離されるということである。いままでは組織の階層を上がって組織としての判断を下していた。個人が生活の中で判断することも、自分の身体はひとつであるから限界があった。それが分散され、必要なところに必要な程度に実行されるようになるのである。

こうした学習や判断がいま、いかに深く社会システムから切り離せない形で埋め込まれているか。それを考えると、学習や判断を独立なものとしてとらえ、それを自由に配置する価値は、はてしなく大きいのではないだろうか。

人工知能が人間を征服するといった滑稽な話ではなく、社会システムの中で人間に付随して組み込まれていた学習や判断を、世界中の必要なところに分散して設置できることで、よりよい社会システムをつくることができる。それこそが、人工知能が持つ今後の大きな発展の可能性ではないだろうか。

それは、第5章で語ったような「特徴表現学習」が実現され、ついに人工知能の学習において、ほとんど人間の手を借りなくてよい段階に技術的に差しかかったいまだからこそ、議論できることなのだ。

最後の章では、人工知能で引き起こされる社会的な変化、産業的な変化、そして個人にとっての変化を述べていこう。

産業への波及効果

第3次ＡＩブームを迎えている人工知能はこの先、私たちの生活にどのような影響をもたらすのだろうか。図27は、ディープラーニング以後の人工知能の発達と、それによって影響を受ける産業をまとめた未来予想図だ。図中の①から⑥は、１８３ページの図

図27　技術の発展と社会への影響

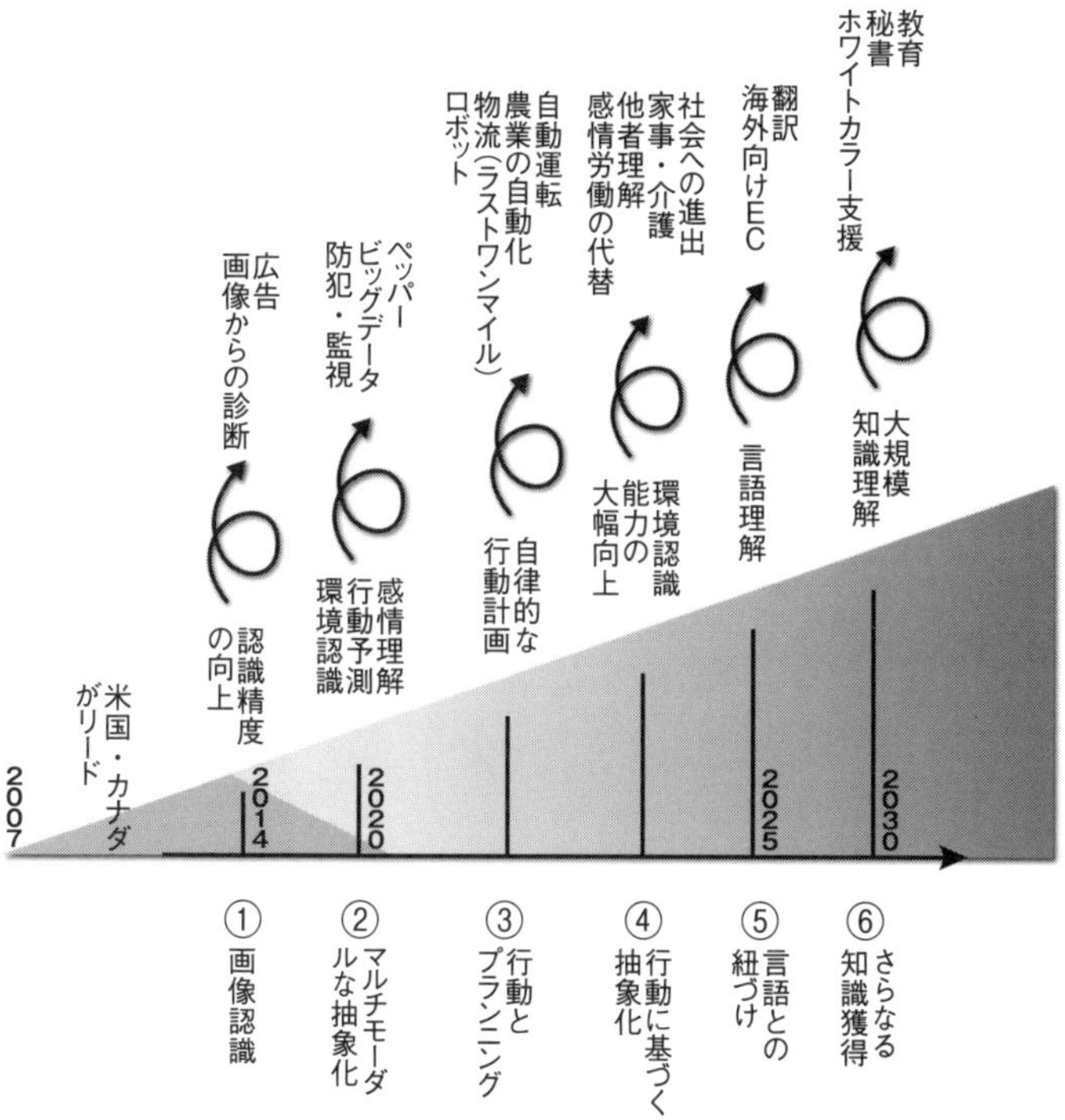

25「ディープラーニングの先の研究」のナンバーに対応している。

注意していただきたいのは時間軸だ。技術の進展は早くとも、産業での応用や社会で実際に使われるようになるまで、かなり時間がかかる場合もある。あくまでも「技術の進展はこのくらいのスピードで進んでもおかしくないのではないか」という意味で、時間軸を当てはめてみた。これまでの人工知能の技術予想がいつの時代も間違っていた（早く見積もりすぎた）ことも頭に入れておいてほしい。

①広告、画像診断、ネット企業

ディープラーニングによって画像認識の精度が向上すると、従来のマス向けの画一的な広告から、個人の趣味嗜好に応じたターゲティング広告が一般化する。また、レントゲンやCTなどの画像をもとにした診断を自動で下せるようになる。

さらに現在、機械学習を活用している検索、ソーシャルネットワークなどのインターネット関連企業は真っ先に影響を受ける。まさに現在の私たちが経験しつつあることだ。

②パーソナルロボット、防犯（警備会社＋警察）、ビッグデータ活用企業

今後数年のうちに、音声や手ざわり感など、マルチモーダルな認識精度が劇的に向上

することが見込まれる。そうなると、ソフトバンクが２０１４年に発表した人型ロボット「ペッパー」のように、人間の感情を認識して定型のコミュニケーションをしたり、店舗内で接客したりするロボットが普及する可能性がある。

また動画の認識精度が向上することで、街中に張り巡らされた防犯カメラによる防犯システムが構築され、犯罪検挙率が向上するかもしれない。

さまざまなビッグデータの特性に合わせて、特徴量がうまく生成されるようになるのもこの段階だろう。そうすると、いまビッグデータ活用を進めている各企業がさらに競争力を伸ばしていくことになるだろう。

③自動車メーカー、交通、物流、農業

周囲を観察するだけだった人工知能が、自分の行為の結果、周囲にどんな影響が出るか認識できるようになると、ロボットのプランニング（行動計画）の精度が上がる。その結果、たとえば現在、グーグルが先行してテストを繰り返している自動運転技術が実用化され、商品を消費者に届けるラストワンマイル（物流センターと消費者を結ぶ最後の区間）はもしかすると、無人ヘリコプターのドローンが担っているかもしれない。

農業の自動化も含め、主に身体を動かす労働の分野で人間の代わりに働くロボットが

普及するのもこのころだろう。人間が何らかの判断を担い、コントロールしている分野である。

従来型の、第1次ＡＩブームで行われたようなプランニングではなく、特徴表現学習が組み込まれたプランニングでは、さまざまな環境で汎用的に使うことができる、環境の変化にも対応できる、例外に強いなどの特長があるはずだ。

④家事、医療・介護、受付・コールセンター

行動に基づく抽象化ができるようになると、たとえばロボットが「人間の手を強く握ると、人間は痛いと感じる」といったことを理解して、痛くないようにやさしく握る、傷つけないように運ぶなど、人間にしかできなかったような繊細な行動ができるようになる。その結果、物流や農業など、それまで「モノ」を対象としてきたロボットの活動範囲が、対人的なサービスにまで広がるだろう。たとえば家事、医療・介護などの分野にロボットが進出してくる。

また、こういう言い方をすると相手は喜ぶといったように、感情をコントロールするような対応ができるようになる。受付やコールセンター業務も人工知能が行うことが可能になるのかもしれない。

⑤通訳・翻訳、グローバル化

人類が持っている「概念」のかなりの部分を獲得した人工知能は、それぞれの概念にふさわしい「言葉（記号表記）」を割り当てることで、言葉を理解するようになる。Siriのような音声対話システムも、人間が用意した記述に基づいて答えるのではなく、人工知能が外界をシミュレートしながら、思考して答えられるようになる。

同時に、機械翻訳も実用的なレベルに達するため、「翻訳」や「外国語学習」という行為そのものがなくなるかもしれない。自分が話したこと、書いたことが右から左に英語に訳され、中国語に訳されるなら、わざわざ時間をかけて英語や中国語を学ぶ必要はなくなるだろう。

言葉の壁がなくなることで、これまで以上に、ビジネスのグローバル化が進むはずだ。たとえば現在、国内向けに物品を販売しているECサイトの海外展開が当たり前になるだろう。

⑥教育、秘書、ホワイトカラー支援

人間の「言葉」を理解できるようになると、人類が過去に蓄積してきた知識を人工知能に吸収させることができる。その結果、人工知能の活動範囲は人間の知的労働の分野

にも広がっていくはずだ。たとえば教育であり、初等教育や受験といった決められたもの以外にも、必要に応じて人工知能が知識を身につけた上で教えてくれることも可能になるかもしれない。また、臨機応変に状況を判断し、必要なときには学習して対応するといった秘書的な業務や、さらにはホワイトカラー全般の支援もできるようになるだろう。２０３０年代以降、こうしたことが実現していくはずだ。

じわじわ広がる人工知能の影響

こうした変化は、いっぺんに起きるわけではない。まず研究開発が先行して、最初はそういうことができるようになったというニュースが広がり、そこからしばらく遅れてビジネスに展開される。

たとえば、防犯・監視にしても、まず人工知能によってカメラに映る個人（指名手配犯など）を識別できるようになるかもしれない。すでに一部は実現されつつあるが、防犯は社会的なコンセンサスがとりやすいので、まず企業がそれを導入し、学校も導入するといった形で、防犯カメラによる監視ネットワークができあがっていく可能性は十分ある。このような監視ネットワークと過去の犯罪履歴のデータベースがセットになれば、犯罪防止にもなるだろうし、犯罪が起きたときも犯人逮捕につながる情報がもたらされる可能性が高まる。治安もよくなるかもしれない。

だが、利便性が増す一方で、たどるつもりになれば、いくらでも個人の行動履歴をたどることができるようになり、プライバシーとの兼ね合いで問題も生じるだろう。どこまで個人を特定することを認めるのか、社会全体でコンセンサスを得ながら、慎重に進めていくことになる。こういう世界では、たとえば、「忘れられる権利」や「見逃される権利」、あるいは「警告を受ける権利」など、いままで明示的に考えられてこなかったようなさまざまな権利を人は持っていると考えるほうがよいのかもしれない。

製造業では、ひと昔前まで機械では実現できなかった熟練工の技術も、少しずつロボットで代用可能になっていくだろう。また、従来の機械学習は、既存プロセスの「改良」「改善」のレベルにとどまっていたが、ディープラーニングで人工知能が特徴量を自らつかむようになると、新しい工程を「設計」できるようになるかもしれない。

これらは特に、試行錯誤が許されている領域で顕著だろう。たとえば、ネットにおけるウェブサイトの最適化などは、もうとっくにデザインの領域にコンピュータが進出してきている。同じことがリアルな世界でも起こることで、生産プロセスが劇的に向上する可能性がある。たとえば、製薬や材料の分野では、すでに多くの部分でコンピュータと機械による実験が行われているが、仮説生成まで人工知能が行うようになれば、仮説生成と実験という研究開発のプロセスを人工知能が担えるようになり、いままで以上に探索できる解の範囲が一気に広がるかもしれない。

もしかすると、音楽や絵画といった芸術の世界にも、このような試行錯誤による人工知能の進出は及ぶかもしれない。「いい音楽」から特徴量を学習し、それをまねして、組み合わせて新しい音楽をつくる。その評価を得ては学習し、つくるということを繰り返せばよい。映画やテレビ番組などのコンテンツ制作、ファッションや食などでもこの方法が主流になることも考えられる。

製造業と同じ肉体労働でも、タクシーやトラックの運転手というのは、少し前までは、人間の労働として残り続ける仕事だと思われていた。ところが、自動運転車やドローンの登場で雲行きが怪しくなってきたのは、みなさんもよくご存じだろう。

自動車でも飛行機や電車でも、操縦士・運転士の大きな仕事のひとつは「おかしなことが起こっていないか」という「異常検知」である。異常検知というタスクは、高次の特徴量を生成し、そこから「通常起こるべきこと」を想定し、それと異なっていれば何かおかしいと感じるということだから、特徴表現学習の得意とするところだ。この仕事をコンピュータができるようになると、運転を人工知能が行うことも、遠隔で操作することも、いまよりずっと簡単になる。

自動運転は、実は安全性が高い。自動運転ができれば、地方に住む遠隔の高齢者にも、便利で安全性の高いサービスが提供できる。すでに飛行機は離着陸以外はその大半が自動操縦化されている。車で食事に行ってお酒を飲み、車で帰ってこられるとしたら、こんなに快適なことはない。

広告・マーケティングは、前述のように、真っ先に変化が訪れる分野のひとつである。データが多く、短期的なサイクルで回る最適化はコンピュータの最も得意とするところだが、それが徐々に長期のものにも進出してくるはずだ。たとえば、現在は人間が行っているマーケティングも、刻々と変わる顧客ニーズをリアルタイムに、的確にとらえることで、完全自動で最適化されていく可能性がある。長期的なブランドイメージの向上や商品企画などは、人間の仕事とされているが、そこにもデータ分析と人工知能の介在する余地は大きい。

医療、法務、会計・税務というのは、最も人工知能が入ってきやすい領域だろう。医療は高度な専門領域だが、同じ医師でも、画像診断技術が向上すると、内科医の仕事のほうが先にコンピュータに置き換わる部分が増えるかもしれない。「診療の適切性」と「責任」の問題は、自動運転と同じく、難しい問題である。

弁護士は社会的地位の高い仕事であるが、その中でも、クライアントの情報を整理したり、関連法令をチェックしたり、過去の判例を調べたりすることは、人工知能のメリットを活かしやすい。だが、民事裁判、特に離婚や相続でもめている案件については、情緒的な面を含めて、当事者の利害関係を調整するという面があり、人間が得意なところかもしれない。「あなたの主張が法廷で通る確率は15％だ」と機械に言われるよりも、人の顔を見て話して納得したい人は少なくないはずだ。

会計や税務はすでに置き換えが進んできている。判断が必要なところや知識が必要なところに関しても、少しずつ人工知能ができる領域が増えていくだろう。

金融は、人工知能が活躍できる大きな領域である。顧客対応のシステムをスイスの大手銀行のＵＢＳグループが提供しているし、資産状況に応じたポートフォリオを提供するのも重要だ。証券会社は、自らの提供する付加価値を見直す必要があるかもしれない。トレーディングの世界はすでに機械化が進み、恐ろしいほどの戦いが繰り広げられている。不動産も、価格情報の推移を分析し、活かすことができるはずである。

教育は、データ分析によってもっと進化する分野であろう。アイデアは単純で、多くの生徒を見ることができたら、そこで学習のパターンや向き不向きをより的確につかみ、適した学習方法を提示することができるからだ。いまは教師が定年に達するまでの間、教え方の知識を積み上げているが、コンピュータは多くの生徒のデータを分析することで、そうしたノウハウを短期間で習得することもできるだろう。

教育の中でも、コンテンツを教える教育、考え方や精神的な態度を教える教育は別かもしれない。そして、やる気にさせる方法、競わせる方法など、さまざまな方法に分解され、人間の果たすべき役割と、コンピュータの果たすべき役割がうまく連携して、より高いレベルの教育を提供できるようになるかもしれない。

このほかにも、産業分野ごとに、さまざまな変化が起こるだろう。ここですべてを書ききることはできないが、読者のみなさんの関係する産業が、人工知能によってどのように変わる可能性があるのか、ぜひ考えてみてほしい。それが、この先のチャンスでもあり、また自分のリスクを減らす方法でもあるはずだからだ。

近い将来なくなる職業と残る職業

次に、個人にとっての人工知能のインパクトを考えてみよう。われわれの仕事には、具体的にどんな影響を与えるのだろうか。

人工知能が人の職を奪うのではないかという議論は、メディアでもよく目にする。コンピュータが発達して、すでに単純な事務作業は人間に代わって機械が行うようになった。人工知能がこのままどんどん進化すると、人間の仕事が機械に奪われてしまうのではないかという危惧である。

『機械との競争』という本では、次のような議論がされている。(注51)

ひとつの議論は、「科学技術の発展はいまに始まったことではなく、そのたびになくなる仕事もできるが、代わりに新しい仕事が必ずできる」ということである。これまでの200年間はそうであった。たとえば、耕作機ができて人間は田畑を耕さなくてよくなったが、耕作機をつくる人間、耕作機を使う人間、そして売ったり維持したりする人間が必要になった。したがって、心配するには及ばない。

もうひとつの議論は、人工知能の発展は性質の違うものであり、これまでの変化は少数の人だけに影響があるものだったかもしれないが、今回の変化は大多数の人に影響を与えるものかもしれないという点である。そして、富むものと貧しいものの差が広がるということである。これは根本的には、富の再分配によって是正するしかない。トマ・ピケティの『21世紀の資本』が流行っているが、(注52)格差や平等について考えるのは重要なことだろう。また、国際的な経済格差の可能性についても考えなければならない。

では、もっと具体的にどういう仕事が残りやすく、どういう仕事はなくなりやすいのだろうか。これに関しては、「どのくらいの時間を念頭に置くか」で答えが大きく変わると思う。参考までに図28を見ていただきたい。これは、オックスフォード大学の論文

図28　あと10～20年でなくなる職業・残る職業

10～20年後まで残る職業トップ25		10～20年後になくなる仕事トップ25
レクリエーション療法士	1	電話販売員（テレマーケター）
整備・設置・修理の第一線監督者	2	不動産登記の審査・調査
危機管理責任者	3	手縫いの仕立て屋
メンタルヘルス・薬物関連ソーシャルワーカー	4	コンピュータを使ったデータの収集・加工・分析
聴覚訓練士	5	保険業者
作業療法士	6	時計修理工
歯科矯正士・義歯技工士	7	貨物取扱人
医療ソーシャルワーカー	8	税務申告代行者
口腔外科医	9	フィルム写真の現像技術者
消防・防災の第一線監督者	10	銀行の新規口座開設担当者
栄養士	11	図書館司書の補助員
宿泊施設の支配人	12	データ入力作業員
振付師	13	時計の組立・調整工
セールスエンジニア	14	保険金請求・保険契約代行者
内科医・外科医	15	証券会社の一般事務員
教育コーディネーター	16	受注係
心理学者	17	（住宅・教育・自動車ローンなどの）融資担当者
警察・刑事の第一線監督者	18	自動車保険鑑定人
歯科医	19	スポーツの審判員
小学校教師（特別支援教育を除く）	20	銀行の窓口係
医学者（疫学者を除く）	21	金属・木材・ゴムのエッチング・彫刻業者
小中学校の教育管理者	22	包装機・充填機のオペレーター
足病医	23	調達係（購入アシスタント）
臨床心理士・カウンセラー・スクールカウンセラー	24	荷物の発送・受け取り係
メンタルヘルスカウンセラー	25	金属・プラスチック加工用フライス盤・平削り盤のオペレーター

出典：The future of employment: how susceptible are jobs to computerisation? より作成（注53）

で提示された「あと10～20年でなくなる職業と残る職業のリスト」である。702個の職業を「手先の器用さ」「芸術的な能力」「交渉力」「説得力」など9つの性質に分解し、この先10年でなくなるかどうかを予想し、その予想される確率の順に並べてある。(注53)

これを見ると、銀行の窓口担当者、不動産登記代行、保険代理店、証券会社の一般事務、税務申告書代行者など、金融・財務・税務系の仕事は影響が大きそうだ。また、スポーツの審判や荷物の受発注業務、工場機械のオペレーターなどの「手続き化しやすい」職業もなくなる確率が高いとされている。一方、なくなる確率が低いほうのリストを見ると、医師や歯科医、リハビリ専門職、ソーシャルワーカー、カウンセラーなどの職業が入っている。対人コミュニケーションが必要な職業は、当面は機械で置き換えるのが難しいのだろう。

こういったリストも参考にしながら、短期から長期にかけての、人の仕事の移り変わりを予想してみよう。

短期的（5年以内）には、それほど急激な変化は起きないだろう。ただし、会計や法律といった業務の中にビッグデータや人工知能が急速に入り込むかもしれない。また、ビッグデータや人工知能はマーケティングにも活用されるだろう。さまざまな事業でビッグデータの分析と人工知能の活用が進んでいくので、データ分析のスキルや知識、人工知能に関する知識は重要になるだろう。広告や画像診断、防犯・監視といった一部の領域では急速に人工知能の適用が進んでいくはずだ。

中期的（5年から15年）には、生産管理やデザインといった部分で、人間の仕事がだいぶ変わってくるはずだ。

先ほども述べたように、異常検知というタスクは、高次の特徴量を生成できる特徴表現学習の得意とするところであり、「何かおかしい」ことを検知できる人工知能の能力が急速に上がってくる。たとえば、監視員や警備員といった仕事だ。明示的に監視するという仕事でなくとも、店舗の店員や飲食店の従業員でも、「何かおかしいことに気づいて対応する」という業務が仕事の中に織り込まれていることも多い。

こうした仕事は、基本的にセンサー＋人工知能で代替することができる。例外処理は例外処理で別につくればよくなるので、ルーティンワークの多くの部分は人工知能に任せることができるようになる。そして、「何かおかしい」ことが発生したときだけ人間が対応するようになる。商品の数を数える、売上をまとめてエクセルをつくる、定期的に顧客にメールを送るといった仕事の大半は、人工知能がやっている可能性がある。

この段階では、まだルーティンでない仕事、クリエイティブな仕事は人間の仕事として重要である。たとえば、顧客の例外対応をする、提案書を書く、などである。

長期的（15年以上先）には、例外対応まで含めて、人工知能がカバーできる領域が増えてくる。異なる領域をまたがって知識を活用することが進み、顧客対応や提案書作成といったことも可能になってくる。

この段階で、人間の仕事として重要なものは大きく2つに分かれるだろう。1つは、「非常に大局的でサンプル数の少ない、難しい判断を伴う業務」で、経営者や事業の責任者のような仕事である。たとえば、ある会社のある製品の開発をいまの状況でどう進めていけばよいかは、何度も繰り返されることではないためデータがなく、判断が難しい。こうした判断はいわゆる「経験」、つまりこれまでの違う状況における判断を「転移」して実行したり歴史に学んだりするしかない。いろいろな情報を加味した上での「経営判断」は、人間に最後まで残る重要な仕事だろう。

一方、「人間に接するインタフェースは人間のほうがいい」という理由で残る仕事もある。たとえば、セラピストやレストランの店員、営業などである。最後は人間が対応してくれたほうがうれしい、人間に説得されるほうが聞いてしまうなどの理由で、人間の相手は人間がするということ自体は変わらないだろう。むしろ人間が相手をしてくれるというほうが「高価なサービス」になるかもしれない。

以上をまとめると、短期から中期的には、データ分析や人工知能の知識・スキルを身につけることは大変重要である。ところが、長期的に考えると、どうせそういった部分は人工知能がやるようになるから、人間しかできない大局的な判断をできるようになるか、あるいは、むしろ人間対人間の仕事に特化していったほうがよい、ということになる。

さらに忘れてはならないのが、人間と機械の協調である。すでにチェスでは、人間とコンピュータがどのような組み合わせで戦ってもよい、フリースタイルの大会がある。さまざまな仕事においても、この「フリースタイル」方式が出てくるはずである。人間とコンピュータの協調により、人間の創造性や能力がさらに引き出されることになるかもしれない。(注54)そうした社会では、生産性が非常に上がり、労働時間が短くなるために、人間の「生き方」や「尊厳」、多様な価値観がますます重要視されるようになるのではないだろうか。

人工知能が生み出す新規事業

ここまでの話は、人工知能、特に特徴表現学習に起因する技術の発展をベースに考えた5年から20年くらいのスパンでの社会変化の話であった。では、人工知能によってこれから先、新しい事業をつくり出すことはできないのだろうか。本書を手にとった方の中には、企業で人工知能による新規事業を考えている方もいるかもしれない。

図29は、米国ブルームバーグ社のアナリストによる、最近の世界中の人工知能のベンチャーをまとめた図である。(注55) およそ2000社を調べてつくったもので、参考になるだろう。これを見ると、人工知能に関する新しい事業の試みが、さまざまな領域に広がっていることがわかる。

「はじめに」で触れたように、現在、人工知能は春の時代を迎え、ブームになりつつある。人工知能に関連する事業は、米国でも一気に増えているが、私なりに検討した結果、急激に成長する事業はそうそう立ち上がらないかもしれず、少し慎重に考えたほうがよいかもしれない。

まず、図の最上段に書かれている「コア・テクノロジー」という部分は、機械学習そのものを提供するビジネスである。画像認識と音声認識は、特徴表現学習が最も進んでいる技術分野なので、その2つの分野も取り上げられている。ツールやAPI(クラウド上のサービスを外部から利用するためのインターフェース)の形で提供するものが多いが、ビジネスとしての広がりは厳しいかもしれない。なぜなら、機械学習のアルゴリズムは学術コミュニティが先行しており、その規範を覆して、企業が固有の機械学習の技術を実用化し、それが強い競争力を持つということは考えづらいし、それをツールとして提供したところで、使いこなせる企業は多くない。使いこなすための人材を獲得し

図29 Machine Intelligence LANDSCAPE

コア・テクノロジー

人工知能	ディープラーニング	機械学習	自然言語処理プラットフォーム	予測API	画像認識	音声認識
IBM Watson	vicarious	rapidminer	cortical.io	AlchemyAPI	clarifai	GridSpace
MetaMind	Deepmind	context relevant	idibon	MindOPS	Madbits	pop up archive
Numenta	Vision Factory	Oxdata H_2O	Luminoso	Google	DNN research	Nuance
ai-one	Facebook	DataRPM	wit.ai	big ML	Dextro	
Cycorp	Baidu IDL	Azure ML	MaluubA	indico	ViSENZE	
MS Research	Google	LiftIgniter		Algorithmia	lookflow	
Nara	ersatz labs	SparkBeyond		Expect Labs		
Reactor	Skymind	yhat / wise.io		Prediction IO		
Scaled Inference	SignalSense	Sense				
		GraphLab				
		Alpine / nutonian				

企業内の活動をもう一度考えよう

販売	セキュリティ・認証	不正検出	人事・採用	マーケティング	秘書	知的ツール
Preact / Aviso	CrossMatch	sift science	TalentBin	bright funnel	Siri / Cortana	Adatao
RelateIQ	Conjur	socure	entelo	bloom reach	Google now	Palantir
NG DATA	EyeVerify	Threat Metrix	predikt	Command IQ	clever sense	Quid
Clarabridge	Area 1 Security	feedzai	Connectifier	Air PR / Radius	tempo / Kasist	Digital Reasoning
Framed	BitSight	Brighterion	gild	Tell Apart	Robin labs	FirstRain
Infer / causata	Cylance	Verafin	hiQ	people pattern	fuse machines	
Attensity	bionym		Concept Node	Freshplum	Viv / Clara Labs	Incredible Labs

各産業をもう一度考えよう

アド(広告)テクノロジ	農業	教育	財務	法務	製造	医療
MetaMarkets	Blue River	declara	Bloomberg	Lex Machina	Sight Machine	Parzival
dstillery	TerrAvion	coursera	FinGenius	bright leaf	Microscan	transcriptic
rocket fuel	ceres imaging	Knewton	alpha sense	Counselytics	Boulder Imaging	Genescient
YieldMo	HoneyComb	kidaptive	Kensho / Binatix	Ravel / Judicata	Ivisys	Zepher Health
Adbrain	The Climate Corp.		Dataminr	Brevia		grand round table
	tule / mavrx		minetta brook	Diligence Engine		bina technologies
			Orbital Insight			Tute Genomics
石油・ガス	**メディア・コンテンツ**	**消費者金融**	**慈善事業**	**自動車**	**診断**	**小売**
kaggle	Outbrain / newsle	Affirm	DataKind	Google	enlitic	Bay Sensors
Ayasdi	Arria / Sailthru	inVenture	thorn	Continental	3scan	Prism Skylabs
Tachyus	wavii / Owlin	zest finance	The Data Guild	Tesla	lumiata	celect
biota Technology	NarrativeScience	Bills Guard		mobileye	Entopsis	euclid
Flutura	yseop / Summly	LendUp		Cruise		
	Prismatic	LendingClub				
	Automated Insights	Kabbage				

人間同士・人間と機械とのインタラクションを考えよう

拡張現実	ジェスチャー認識	ロボット工学	感情認識
Wearable intelligence	ThalmicLabs	intel	affectiva
AUGMATE	omek /Flutter	Liquid Robotics	BeyondVerbal
APX Labs	Leap Motion	iRobot / SoftBank	Emotient
blipp AR	eyeSight / nod	Boston Dynamics	BrsLabs
meta / lay AR	3Gear systems	jibo / anki	Cogito
	GestureTek / Fin	evolution robotics	

人工知能を補助する技術

ハードウェア	データ前処理	データ収集
Nvidia / Xilinx	Trifacta	diffbot
Qualcomm	Paxata	kimono
Nervana Systems	tamr	CrowdFlower
Teradeep	Alation	Connotate
Artificial Learning		WorkFusion
rigetti		import io

出典：Machine Intelligence LANDSCAPEより作成（注55）

ようにも、すでに高いレベルの機械学習の知識や技能を持つ研究者や技術者の価格は高騰している（すでに広告で大きく稼いでいるグーグルやフェイスブックは、機械学習の技術を収益化する手段を持っているので話は別である）。

2段目のグループは、「企業内の活動をもう一度考えよう」という事業群で、営業、セキュリティ、人事、マーケティングなどが並んでいる。すでに多くの企業が参入しているところであり、それらの企業が少しずつ人工知能を使った製品を提供していく形で進化していくだろう。

3段目は、「各産業をもう一度考えよう」というグループである。多くの産業分野では、少しずつビッグデータの活用が進み、その後に人工知能の活用が進んでくるはずだ。しかし、人工知能の活用そのものが競争上の決定的な優位につながることは少なく、顧客へ提供する商品・サービスの付加価値の構築、組織の構築、取引先との関係の構築、事業のオペレーションの効率化といった要素が重要なポイントを占めることに変わりはないだろう。人工知能を使えば、たとえば、顧客への対応を顧客一人ひとりに応じてきめ細かく変えていくことも可能だろうが、こうした変化は、情報システムあるいはデータ分析のシステムを提供する企業が、徐々に人工知能の技術を使ったサービスを提供していくことで実現すると考えられる。あるいは、情報システムよりも、もっと経営に近いところから、ビッグデータの分析、さらには人工知能と進展していくようなコンサルティングビジネスも十分にありえるだろう。

また、4段目左に、「人間同士・人間と機械のインタラクションを考えよう」というグループがある。ロボット工学、感情やジェスチャーの認識がここに含まれる。日本から唯一入っているソフトバンクの「ペッパー」が含まれるのもここだ。

そして、4段目の右に、「人工知能を補助する技術」のグループがある。たとえば、データの前処理をするような技術の提供、データを集める技術の提供などで、いわば、ゴールドラッシュの時代にジーンズを売るようなビジネスだ。

この中で、もしわれわれにとってわかりやすい変化が急速に起こるとすれば、3段目の「各産業をもう一度考えよう」というグループの中の、医療、法務、財務といったあたりの分野だろう。専門家を代替する経済的なメリットが高く、多くの人がそのサービスを潜在的に必要としているからだ。それぞれの専門分野について答えてくれるＩＢＭのワトソンのようなシステムが、完成度の高い形でマーケットに投入されれば、一気に実用フェーズに乗ってくる可能性はある。そのときは、既存の業界構造を大きく変えてしまうかもしれない。

一方で、現実的には、さまざまな法規制や業界の慣習があるため、いきなりＢ２Ｃでサービスが提供されるか、医師、弁護士、会計士などの業務を補助する目的で広まっていくかは、領域によって異なるだろう。

ほかに急速に浸透するとすれば、第2のグループの中の秘書（パーソナルアシスタント）の分野だろうか。Ｓｉｒｉのようなシステムは、利便性が一定の水準を超えると、いきなり日常的に使われ始める可能性がある。検索エンジンがウェブという媒体でユーザーを一気に獲得したように、個人にとって新しいインタフェースができれば、広告やＥコマースのチャネルとして強力な力を持つだろう。ただし、現状のＳｉｒｉのような「対話システム」に限っていえば、本質的な自然言語理解は技術的にはまだはるかかなたであり、いますぐここに急激な変化が起こるとは考えづらい。

すでに何度か書いているように、「異常検知」はディープラーニングなどの特徴表現抽出の得意なところである。したがって、産業の中で異常検知に対して人手がかかっており、それがスケーラビリティや市場規模の制約となっている場合は、業界構造が一気に変わる可能性がある。

これらを総合すると、いくつかの例外を除けば、どこかの産業や利用シーンで一気に人工知能が使われるようになるというよりは、各産業でビッグデータ活用の延長線上で徐々に人工知能技術が浸透してくるようになるのではないかと思われる。

人工知能と軍事

人工知能の応用を考える際に、忘れてはいけないのが軍事面での応用だ。米国では長い間、人工知能研究の大スポンサーはＤＡＲＰＡ《ダーパ》（米国国防高等研究計画局：国防総省の機関である）であった。最近でも、年間数百億円の規模で人工知能研究に投資しているとされる。

ＤＡＲＰＡは、企業活動上の利益につながらなくてもよいという理由で、スポンサーがつきにくいような人工知能研究も長年支えてきた。古くは、インターネットの起源となったＡＲＰＡＮＥＴ《アーパネット》は、この予算から生まれている。ＳｉｒｉのもとになったＣＡＬＯのプロジェクトもＤＡＲＰＡの予算で支援された。最近、グーグルに買収された日本のロボット企業シャフトが参加していたコンペティションもＤＡＲＰＡが主催するものである。

戦闘機に乗るパイロットを人工知能にすれば、パイロットの育成にかかる莫大な費用を抑えられると同時に、パイロットの命を危険にさらさないといけないという非人道的な状況を緩和できる。その人工知能のパイロットが、機体を誰よりも正確に高速に動かせるようになれば、戦闘力は大きく向上する。すべてのミサイル・戦車・銃が人工知能による自動操作で動くようになれば、同じ兵器でも兵力が向上する。戦争はやがて人工知能vs人工知能の代理戦争の様相を帯びてくるかもしれない。

いまでも無人操縦機（ＵＡＶやドローンと呼ばれる）が使われている。遠隔の操縦士が無人の飛行機を操縦するものだ（多くの場合は偵察目的だが実際に攻撃をするケースもある）。しかし、当然、遠隔なので遅延があるし、状況把握も有人飛行ほど容易ではない。また、遠隔で操縦する人員の数自体がボトルネックとなる。これが人工知能に置き換われば、状況は大きく変わる。

あるいは、人工知能を組み込んだ昆虫サイズの小型兵器ができるとどうなるだろうか。悪意を持った人間（たとえばテロリスト）がこういった技術を日常生活の場面に持ち込めば、非常に危険であろう。

このような危険を回避するため、たとえば、自動操縦の無人機を兵器として使うことを禁止すべきかどうかについて、国際条約制定の議論が始まったと聞いている。あらゆる最先端技術と軍事の関係は、当然のことながら技術面だけで議論することが不可能だ。人工知能の軍事技術への応用においても、今後、その是非について、さまざまな分野の専門家および一般の人々を巻き込んだ国際的な議論が行われていくことになるであろう。

「知識の転移」が産業構造を変える

人工知能による特徴表現の獲得や予測能力は、産業上の大きな武器になる。今後、日本は国としてどのように人工知能と向き合っていけばいいのだろうか。産業構造としての人工知能の重要性について述べておきたい。

次ページの図30は、産業領域ごとに、どのように企業活動が行われるかを、第1章の人工知能のエージェントアプローチで説明したような「入力」と「出力」という観点から見たものである。いわば、ひとつの企業を、情報を処理する主体、つまり「エージェント」としてとらえている。従来は、売上や顧客の情報といった情報を入力とし、それを事業戦略やオペレーションに活かしてきた。そして、これらは基本的に縦の情報の流れであり、横に情報が流れることはきわめて少なかった。

ところが、ビッグデータの時代になり、グーグルやアマゾンが検索やEコマースの領域で強い力を持つようになった。これは、情報を横に束ねていることに相当する。それによって、ある領域における検索のパターン、広告の出し方、商品の販売のしかたを、ほかの領域に適用することができるのだ。こうした領域をまたいで、よい知見をほかの領域に活用することを「知識の転移」と呼ぶことにしよう。

図30　知識の転移

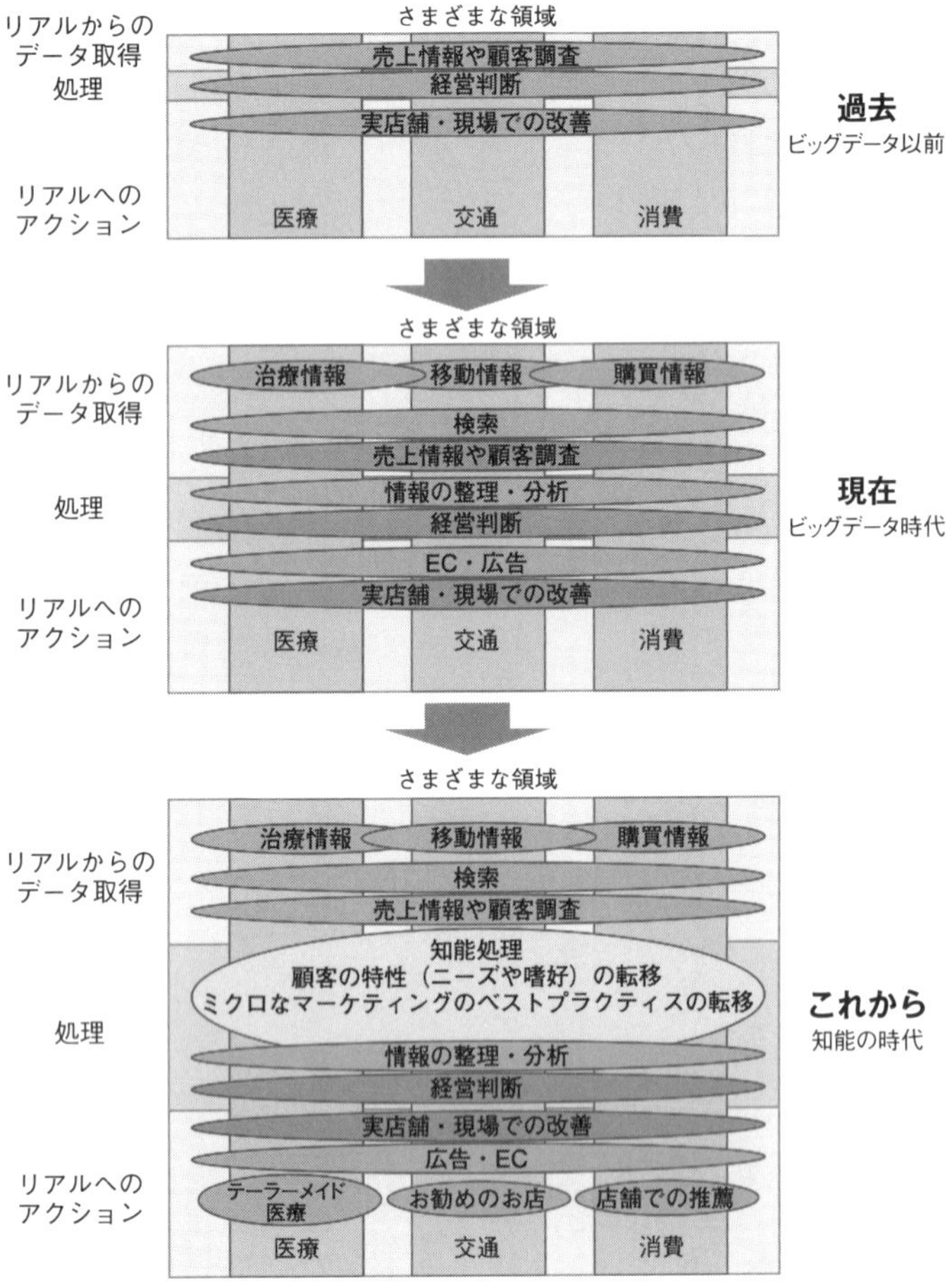

さまざまな領域
リアルからのデータ取得
処理
リアルへのアクション
売上情報や顧客調査
経営判断
実店舗・現場での改善
医療
交通
消費
過去
ビッグデータ以前
さまざまな領域
治療情報
移動情報
購買情報
検索
売上情報や顧客調査
情報の整理・分析
経営判断
EC・広告
実店舗・現場での改善
医療
交通
消費
現在
ビッグデータ時代
さまざまな領域
治療情報
移動情報
購買情報
検索
売上情報や顧客調査
知能処理
顧客の特性（ニーズや嗜好）の転移
ミクロなマーケティングのベストプラクティスの転移
情報の整理・分析
経営判断
実店舗・現場での改善
広告・EC
テーラーメイド医療
お勧めのお店
店舗での推薦
医療
交通
消費
これから
知能の時代

従来は、マスの顧客を扱っていたため、ある領域における知識を横に転移することは、経営者、コンサルタント、あるいは広告会社の役割であった。ところが、これが顧客それぞれに応じて最適なものを出していくような時代になると、データを使ってやるしかない。顧客のパターンは無数にあるからである。つまり顧客ごとの「ミクロの知識転移」を行うことが、データを使って領域を横に束ねる企業は可能になるのである。

そして、その先に何が起こるか。顧客の「認識精度」が上がる。つまり、顧客の行動の中で、重要で本質的な特徴量が獲得され、より顧客のほしいものが適切に届けられるようになる。さらに、「顧客が何がほしいか」がわかるようになり、商品開発にもサービスの提供にも活かされるようになる。そして、顧客の変化や社会環境の変化に対しての対応力がきわめて早くなる。

これは、生物進化における脳の発展と、それに伴う抽象化能力の向上とほとんど同じ流れである。当初、生物は、単純な反応系として、情報を入力し、処理し、行動として出力していた（たとえばアメーバなどの生物を想像するとよい）。ところが、その情報がリッチになり、たくさんのデータで世界を見られるようになった。特に「眼の誕生」は強烈で、それゆえに、捕食者からいかに生き延びるか、身を隠すかといった生物の戦略が多様化し、5億4200万年前のカンブリア紀における生物の多様性の爆発（カンブリア爆発）の契機となったという(注56)。

企業活動も同じで、ビッグデータによって、企業を取り巻くさまざまな環境をとらえられるようになった。まさに「眼の誕生」だ。センサーが発達した結果、企業はさまざまな戦略をとれるようになる。

そして、次に来るのは「脳の進化」である。センサーの情報から、「草が不自然に動いたから敵がいるかもしれない」といった形で、ほかの生物がとらえられないような情報をとらえ、生存に活かす。変わりゆく環境においては、抽象化能力が高ければ、少ないサンプル数で適応することができ、生存確率が上がる。

実は、このような産業構造における競争力の議論は、2008年の経済産業省産業構造審議会の「知識組替えの衝撃――現代産業構造の変化の本質」という報告書の中でも行われている。そこでは、日本経済に欠けているのは、「グローバル化等の構造変化が進むなかで、個別の強みを業種、組織、市場（国境、地域）、技術分野、ものづくり／サービスの境界等を超えて展開し、組替えることによる、グローバルなトレンドをつくる力」だとされている。まさに知識の転移である。

産業構造という視点から見た経済の分析と、抽象化という視点から見た（人工）知能の分析が、ほぼ同じ答えとなるのはきわめて興味深い。その背景には、資本主義経済にも、生物の生き残る環境のいずれにおいても、「予測性が高いものが勝ち残りやすい」という本質的な競争条件があること、そのために選択と淘汰という原理が採用されていること（エーデルマン氏が脳の中でも予測性が高いかどうかによる選択と淘汰が働いていると述べたことは前述した）、そして、抽象化によって知識を転移させるということが、変化する環境に対応する極めて強力な武器であることという共通点があるからではないかと思う。

人工知能技術を独占される怖さ

人工知能は、今後、ビッグデータに続いて、産業競争力の大きな柱になっていくだろう。だが、技術の独占に対する警戒も必要である。

人工知能は「知能のＯＳ（オペレーティングシステム）」と言うことができるかもしれない。汎用的な特徴表現学習の技術が土台にあって、その上に、さまざまな機能を実現するアプリケーションが載っているイメージだ。特徴表現学習などの学習アルゴリズムが基盤になっていれば、アプリケーションの部分でどういう機能を追加するかは、実はそれほど難しいことではない。

逆に言うと、特徴表現学習の部分を特定の企業に握られたり、ブラックボックス化されたりすると、非常にやっかいなことになる。

特徴表現学習のアルゴリズムがオープンにならず、「学習済み」の製品だけが製造・販売されることになると、リバースエンジニアリングで分解したり動作を解析したりして仕様や仕組みを明らかにすることが不可能である。たとえば、学習は、学習アルゴリズムを秘匿したままどこかの工場でやって、学習済みの製品だけが販売される。ロボットなら分解すれば構成部品や要素技術がわかるし、アプリケーションならその動作から中身を推測することができるが、学習結果から学習アルゴリズムを推定するのはほぼ不可能である。ちょうど、人間の脳をいくら調べても、知能のアルゴリズムがわからないのと同じである。

汎用的なOSを押さえておくと、何が有利なのか。土台ができていれば、アプリケーションの開発と修正・更新が圧倒的なスピードで実現できることだ。人工知能を使った自動運転技術が実現したとして、たとえば道路交通法が変わったとか、異常気象で暴風雨に襲われ想定外の大雪が降ったとか、スイスの山岳地帯用にカスタマイズしなければいけないというときに、個別の状況を想定してルールを書き換えるよりも、すでに学習された特徴表現を使って学習したほうが圧倒的に早い。すでに基本的な運転技術が身についていれば、特殊な状況について学習するだけですむので、手早く修正することができるはずだ。

データをたくさん持っている企業が、高いレベルの特徴表現学習の技術も手に入れると、ほかの企業もそこにデータを集めざるを得なくなる。なぜなら、その企業に頼めば、「よい特徴表現」が得られ、さまざまなアプリケーションをつくりやすくなるからだ。その結果、少数のプレイヤーが市場を席巻することになる。

汎用的なOS部分を独占すれば、各種機能を実現するアプリケーションの製造コストは劇的に下がる。パソコン時代にOSをマイクロソフトに、CPUをインテルに握られて、日本のメーカーが苦しんだように、人工知能の分野でも、同じことが起きかねない。そして今回の話は、ほぼすべての産業領域に関係するという意味でより深刻であり、いったん差がつくと逆転するのはきわめて困難だ。

日本における人工知能発展の課題

日本がこの先、人工知能分野で国際的な産業競争に勝ち残っていくには、いくつかの課題をクリアする必要がある。図31に短期と中長期に分けて、課題を5つ挙げている。

第1に、日本においては、データの利用に関して非常に警戒感が強い。個人情報保護やプライバシーを強調するあまり、ビッグデータの利用を過度に警戒・抑制する論調が日本では根強い。今後、領域をまたがってデータを活用する「ミクロの知識転移」が競争力になる時代には、こうした論調も少しずつ変えていかなければならない。

第2に、データの利用に関する法整備が遅れている。海外に目を向けると、グーグルは検索履歴をはじめとしてさまざまな情報をためている。アマゾンは購買データ、フェイスブックは人的ネットワークの膨大なデータを持つ。プライバシー保護の技術や事例の構築など、さまざまな試みが行われているが、もう少し根本的に考える必要があるのかもしれない。適切な制度設計を世界に先駆けて実行することは、日本のように「情報を横に束ねる」プレイヤーが少ない状況では不可欠ではないかと思う。

第3に、日本特有の問題であるが、モノづくり優先の思想が挙げられる。鉄腕アトムやドラえもんが国民的な人気であり、日本ではロボットづくりは盛んだが、人工知能というとピンとこないという人も少なくない。情報技術の中でも、特にOSやウェブ技術など、見えないものに対する理解は得られにくく、人工知能も見えないものだ。しかし、

図31　日本の主な課題と対策

	課題	説明
短期	①データ利用に対する社会的な受容性	データ利用を過度に警戒・抑制する論調が強い。個人情報やプライバシー保護を強調しすぎると、今後起こるであろうグローバルな生産革新競争の中で、日本（企業）の競争力をそぐことになりかねない
	②データ利用に関する競争ルール	競争環境の変化に対応しきれていれない。データを持つ海外有力プラットフォーマーが、データを囲い込む可能性がある
中長期	③モノづくり優先の思想	日本では機能先行のロボット開発が進められているが、AI なきロボットはいずれ開発競争で負ける
	④人レベル AI への懐疑論	これまでの挫折の歴史から、学会・業界内には「AI＝夢物語」という否定的な見方が優勢だが、ディープラーニングとその後に続く技術のポテンシャルを見誤っている。盛り上がりに欠ける日本を尻目に、海外企業は着々と投資を進めている
	⑤機械学習レイヤーのプレイヤーの少なさ	海外企業が投資できるのは、短期的にも正当化できるから。日本には「機械学習の精度が上がると売上が伸びる」というビジネスがない。OS（機械学習）とアプリケーション、両方の産業が必要である

↓

人材を集結し、大きな流れをつくる
ロボット、ビッグデータ、さまざまな関連テーマに横串を通す

人工知能の研究は、ロボットの脳の研究でもあり、人工知能が今後、ロボットづくりでも重要になってくることは間違いないはずである。

第4に、人工知能が夢物語だと思っている学会内・業界内の悲観論も乗り越えていかなければいけない。世間の注目が高いことで少しずつ変わってきたが、これまで人工知能研究が冬の時代を迎えるたびに、研究者たちは苦渋を舐《な》めてきた。当時を知る人たちからすると、人工知能の未来について、悲観的にならざるを得ないのも理解できる。一方で、世間の期待感が高すぎるのも問題である。学会全体として社会に対する適切な「期待値コントロール」が必要だろう。

第5に、国内で人工知能技術に投資できる企業の少なさが挙げられる。グーグルやフェイスブックなどの海外のプラットフォーマーが人工知能に積極的に投資できるのは、その投資が短期的にも正当化できるからでもある。ところが残念なことに、日本には「機械学習の精度が上がると売上が莫大に伸びる」というビジネスモデルを築き上げている企業がほとんどない。そのことが、日本企業が人工知能研究に本腰を入れるハードルにもなっている。

人材の厚みこそ逆転の切り札

一方で、よい材料もある。日本は、古くから人工知能の研究に取り組んできており、人工知能分野には、人材がたくさんいる。

たとえば、情報系の研究分野全体では、日本の代表的な学会である情報処理学会の会員数はおおむね2万人、電子情報通信学会の会員数は3万5000人に対して、海外の学会であるACM（コンピュータサイエンス）は10万人超、IEEE（コンピュータサイエンス+電気系も含まれる）が40万人超である。海外にはおよそ日本の10倍以上の研究者がいると思ってよい（なお、情報系の卒業生の割合も、米国などに比べて1桁少ない。情報分野への大学教育の対応が遅れている）。

ところが、米国を中心とする国際的な人工知能学会（AAAI）の会員数が5000人であるのに対し、日本の人工知能学会（JSAI）には3000人もの会員がいる。毎年1回開かれる学会の参加者も、AAAIは500人程度なのに対して、JSAIは1000人を超える人間が集まる。人工知能の研究者の人数、コミュニティの大きさでは、まったくひけをとっていない。母集団で10倍違う情報系の中で、人工知能にはほぼ変わらない数の研究者がいて、活発に研究しているのである。

そこに横串を通して、人材を集結し、人工知能研究に弾みをつけることで大きく技術が進展する可能性もある。イメージは、1980年代に当時の通商産業省が570億円を投じた「第五世代コンピュータ」プロジェクトである。

前述したように、目論見通りの成果をあげたとは言えなかったかもしれないが、そこで語られた初期の理想は、すばらしかった。そして、そこで育った学生がいまは人工知能の重鎮として学会を牽引し、さらにそこから優秀な人材が輩出している。そのため、日本は人工知能に関する人材の厚みの面で、諸外国に比べて恵まれている。

あるいは、国ではなくとも、企業の連合体で研究することもありえるだろう。人工知能技術は汎用性が高いので、ひとつの企業、ひとつの産業だけで研究開発の投資が割に合うかというと、難しいかもしれない。むしろ複数の企業、複数の産業が協力して取り組む必要があると思う。

現在、ディープラーニングに代表される特徴表現学習の研究は、まだアルゴリズムの開発競争の段階である。ところが、この段階を越えると、今度はデータを大量に持っているところほど有利な世界になるはずだ。そうなると、日本はおそらく海外のデータを持っている企業に太刀打ちできない。世界的なプラットフォーム企業が存在しないからだ。そうなる前にアルゴリズムの開発競争の段階でできるだけアドバンテージを持つ必要がある。逆転までの時間はそれほど残されていない。

偉大な先人に感謝を込めて

さて、本書も終わりに近づいてきた。ここまで読んでいただいた方には、私が伝えたかったメッセージが届いただろうか。

人工知能の60年に及ぶ研究で、いくつもの難問にぶつかってきたが、それらは「特徴表現の獲得」という問題に集約できること。そして、その問題がディープラーニングという特徴表現学習の方法によって、一部、解かれつつあること。特徴表現学習の研究が進めば、いままでの人工知能の研究成果とあわせて、高い認識能力や予測能力、行動能力、概念獲得能力、言語能力を持つ知能が実現する可能性があること。そのことは、大きな産業的インパクトも与えるであろうこと。知能と生命は別の話であり、人工知能が暴走し人類を脅かすような未来は来ないこと。それより、軍事応用や産業上の独占などのほうが脅威であること。そして、日本には、技術と人材の土台があり、勝てるチャンスがあること。

人工知能が開く世界は、決してバラ色の未来でもないし、決して暗黒の未来でもない。人工知能の技術は着々と進展し、少しずつ世界を豊かにしていく。明日、いきなり人工知能が世界を変えるわけではないし、かといって、その技術の進展を無視することもできない。

読者のみなさんは、「はじめに」で述べた「人工知能の大きな飛躍の可能性」、つまり宝くじが当たるかもしれない未来をどうとらえただろうか。

ディープラーニングという「特徴表現学習」が、人工知能における大きな山を越えたとすれば、この先、人工知能に大きな発展が待っていてもおかしくない。さまざまな産業で大きな変革を起こすのかもしれない。長期的には、産業構造のあり方、人間の生産性という概念も大きく変えるのかもしれない。

一方で、「冷静に見たときの期待値」、つまり宝くじを買って平均的に返ってくる金額について、どうとらえただろうか。

どんなに人工知能の可能性を低く見積もったとしても、最低限、多くの産業でビッグデータ化は進むだろう。そして、そこにいままで人工知能が培ってきた探索や推論、知識表現、機械学習の技術が活きるはずである。少なくとも、いくつかの分野では、これまでの専門家を超えるような人工知能の使い方が出てくるだろう。

この2つの可能性を考えたとき、この宝くじは決して悪いものではないと思う。人工知能の未来、人工知能がつくり出す新しい社会に賭けてもいいと思わないだろうか。

人工知能は人間を超えるのか。答えはイエスだ。「特徴表現学習」により、多くの分野で人間を超えるかもしれない。そうでなくても、限られた範囲では人間を超え、その範囲はますます広がっていくだろう。そして、これを生かすも殺すも、社会全体を構成するわれわれ自身の意思次第だ。

停滞する日本の産業。高齢化する社会。シリコンバレーに圧倒的な遅れをとる日本の情報技術。日本が1980年代に人工知能に多くの資金を投資し、それが人材という形で広がりを迎えていること。その中で迎えた人工知能の3回目の春。この状況をもし打開できるとすれば、そのカギを握るのは「人工知能の活用」ではないだろうか。

読者のみなさんには、それぞれの仕事や生活の中で、人工知能をどのように活かしていけばよいか、活かすことができるのか、ぜひ考えてみてほしい。人工知能によって、この社会がどうよくなるのか、どうすれば日本が輝きを取り戻すのか、考えてほしい。そして、人工知能の現状と可能性を正しく理解した上で、ぜひ人工知能を活用してほしい。それが本書で伝えたいメッセージである。

最後に、いま人工知能が春の時代を迎えているのは、過去に人工知能の研究を行ってきた研究者たちのたゆまぬ努力のおかげである。冬の時代にも人工知能の夢を諦めず、後進を育て、研究を続けてきた方々のおかげである。先人に心からの敬意を表したい。

（注51）エリック・ブリニョルフソン、アンドリュー・マカフィー『機械との競争』（日経ＢＰ社、２０１３年）

（注52）トマ・ピケティ『21世紀の資本』（みすず書房、２０１４年）

（注53）Frey, Carl Benedikt, and Michael A. Osborne. "The future of employment: how susceptible are jobs to computerisation?." Sept 17 : 2013.

（注54）そのために、人間の持つ概念を体系化するオントロジー研究や、人間の創造性を引き出す創造活動支援の研究はさらに重要になってくるだろう。創造活動支援システム、あるいはより広く世界の分節問題に関して研究をしている研究者に、東京大学教授、元人工知能学会会長の堀浩一氏がいる。

（注55）The Current State of Machine Intelligence, December 11, 2014 (http://www.bloomberg.com/company/2014-12-11/current-state-machine-intelligence/)

（注56）アンドリュー・パーカー『眼の誕生　カンブリア紀大進化の謎を解く』（草思社、２００６年）

おわりに　まだ見ぬ人工知能に思いを馳せて

高校時代に、自分とは何かを考え、眠れない夜を過ごすうち、「認知」に興味を持った。こうして考えている自分は何者だろうか。死ぬとはなんだろうか。受験勉強の傍ら、哲学書を読んでいた。小さいころから、コンピュータを使ってプログラミングをして遊んでいたので、プログラムがつくり出す無限の可能性にも気づいていた。

大学に入り、なんとなく情報技術の方向に将来性があると感じ、情報系の学科に進んだ。「情報＝パソコン」というのは、なんだかおかしいと思っていた。情報とはもっと奥深いものだ。人工知能を研究している研究室があることを知り、図書館にこもって人工知能のことを勉強した。プログラムで知能をつくる。そのことに魅力を感じた。人工知能はもうできているのだろうか。ドキドキしながら調べた。どうやら、まだ人工知能はできていないらしい。そうわかって、「ラッキー」だと思った。こんな大事なことがまだ解明されずに残っているなんて。

授業は嫌いだったが、研究は楽しかった。初めて人工知能学会で発表したのは、大学

4年の卒業間近なころ。よい研究成果だったにも関わらず、座長から「この結果は信じられない。従来の方法は有名な先生がつくったもので、それに勝つとは信じがたい」というようなコメントをもらった。なぜか悔しいとは感じなかった。「いつか認められるような研究をしたいなあ」と、見上げた空が妙に青かったのを思い出す。

大学院の修士課程に進み、配属になったのは、人工知能とはやや専門が違う研究室だった。それでも、人工知能の勉強をしていた。先生も理解があって、それを認めてくれた。ただ、違う環境でひとり人工知能の勉強をするのはつらかった。世界の中心から少し離れたところにいる気がした。

大学院の博士課程に進み、また人工知能の研究室に戻ることができた。人工知能の研究を堂々とできることが純粋にうれしかった。いろいろな本を読んだ。先生から本を借りた。人工知能学会に初めて学生編集委員というのができるというので、手を挙げた。学会誌の記事のひとつを学生グループで担当することになり、毎号、有名な人工知能研究者のインタビュー記事を載せた。大変だったが、スケジュールをしっかり守って掲載していった。記事は1回も落とさなかった。有名な研究者が、学生時代に何を考えていたのかを聞くのは大変楽しかった。だいたいみんな学生時代はちゃらんぽらんだった。

博士課程を出て、人工知能の著名な研究者に惹かれ、国の研究所に研究員として入った。今度は、人工知能学会の編集委員に任命された。特にこだわっていたわけではないが、信頼してくれるのはうれしかった。人工知能の研究者は概して、威張らない、形にこだわらない、本質を突く人が多い。それは、形式を嫌い、根本的なことに疑問を持つ自分の性格ともよく合った。年の離れた先生とも話していて楽しかった。スタンフォード大学に2年間留学したが、その間も、『人工知能学会誌』に「世界のＡＩ、日本のＡＩ」という連載を持ち続けた。

かれこれ10年くらい編集委員を継続したころだろうか。副編集委員長にならないかと誘われた。副編集委員長を2年、その後、編集委員長を2年務める、長く責任ある任務だ。年齢からすると早すぎる起用だったので、自分にはできないと辞退したが、再三頼まれて、引き受けることにした。

２０１２年に編集委員長になったときは不思議な気持ちだった。重大な任務のはずなのだが、実感がなかった。普通のことを普通にこなせるか、心配だった。でも、みんなが自分を編集委員長にしたのだから、自分らしくいこうと思った。攻めよう。根本的に直さないといけないことから次々と手をつけた。

そのひとつが、学会誌名の変更だった。『人工知能学会誌』なんて堅苦しい雑誌は、研究者以外は誰も読まない。でも人工知能という研究内容自体は、多くの人が興味を持つはずだ。だって、われわれ自身の研究、人間の研究にほかならないのだから。

25年以上の学会の歴史で初めて『人工知能』という名前に変え、表紙も変えた。女性型のロボットが掃除をしている姿を描いた表紙は、思いがけず〝炎上〟した。いささか思慮が足りなかった。しかし、前に進みたいという気持ちは伝わったのか、いくつか声明を出し、反省する特集を企画するうちに騒ぎは収まった。幸か不幸か、人工知能という言葉を多くの人が知るきっかけにもなった。

2014年6月に、編集委員長の任期を終え、無事、次の人にバトンを渡すことができた。そのときにはもう、人工知能はブームになりかけていた。ディープラーニングという大きな技術の進展もあった。日本にとっての大きなチャンスであり、同時に、うまく活かさないと大きなピンチになることも、あからさまに見てとれた。

これは、人工知能にとって大変な時期が来たと思った。うまくやらないと、またブームが過熱した後に、厳しい冬の時代を迎えてしまう。日本にとっても、逆転のためのラストチャンスかもしれない。いま、この状況をよい方向に持っていくのは、ちょうど編集委員長の大役を終えた自分の役目かもしれないと思った。自分を育ててくれた人工知能という分野が、もし自分を必要としているのであれば、できる限りの力を尽くすしかない。

そういう気持ちになるのは不思議だった。日頃、極端なほど明確な「目的意識」を持って行動することを心がけているのだが、この件だけは、なぜか「人工知能のため」という大義名分以外は思い浮かばなかった。それ以上、目的を分解できなかった。人工知能という領域が持ち上げられ、たたきつけられるのを見るのは耐えられない。人工知能という領域は、「天の時」を得て、大きく飛躍してほしい。

本書は、２０１４年の年末からおよそ2カ月で執筆した。もっとしっかり書きたい気持ちが半分、一刻も早く上梓したい気持ちが半分。時間は足りなかったが、なんとか自分でも満足できるレベルにはなったと思う。この本が少しでも多くの人に人工知能の現状を伝え、「正しく」人工知能に期待してもらえることを祈るのみである。

本書を書くにあたって、多くの人のお世話になった。

人工知能学会関連では、中島秀之先生、堀浩一先生、溝口理一郎先生、西田豊明先生、山口高平先生、石塚満先生、津本周作先生、武田英明先生をはじめ、たくさんの人にかわいがっていただいた。特に、松原仁先生、栗原聡先生、山川宏先生には、常日頃からやりとりし、多くの助言やコメントをいただいた。

本書のきっかけになったのは、経済産業省西山圭太審議官（当時）のひと言だ。「松尾さん、人工知能がすごいって言ってるけど、素人にもわかるように今度説明してよ」。できるだけ多くの人にわかってもらえるようにつくったプレゼンテーションが、本書の骨子になっている。また、同省の須賀千鶴氏、山下隆一氏、河西康之氏、吉本豊氏をはじめ、多くの方に大変お世話になった。

株式会社経営共創基盤の塩野誠氏とは昨年に対談本でご一緒し、ひとつのよい経験になった。同社の冨山和彦氏、川上登福氏には、幅広い面で助言やサポートをいただいている。また、ＲＥＡＤＹＦＯＲ株式会社の米良はるか氏、プルーガ・キャピタル株式会社の古庄秀樹氏とは、日頃から議論・活動をともにさせていただき、大変感謝している。

東京大学では、坂田一郎先生、寺井隆幸先生をはじめ、技術経営戦略学専攻、総合研究機構の先生方に研究・教育の両面ですばらしい環境を与えていただいている。また、２０１４年度から活動の基盤となっているグローバル消費インテリジェンス寄付講座に協力いただいている各企業には、ひとかたならぬご支援を頂戴し、感謝の念に堪えない。

本書の原稿の執筆にご協力いただき、大変有益なコメントをいただいた麻生英樹先生、中山浩太郎先生、松尾研究室の上野山勝也氏、椎橋徹夫氏、大知正直君、岩澤有祐君、小川奈美さんに感謝したい。ほかにも、多くの方にコメントをいただき、本書をまとめることができた。また、本書の編集者である株式会社ＫＡＤＯＫＡＷＡの古川浩司氏、ライターの田中幸宏氏には、本書をよくするために多大なご尽力をいただいた。

そして、もちろん、日頃の研究活動を一緒に頑張っている松尾研究室のメンバー一同に、あらためて感謝の意を記したい。

最後に、日頃の無茶を支えてくれている家族と、故郷の母に感謝したい。


将来実現されるかもしれない人工知能のことを考えると、いくつもの疑問が湧く。

人工知能が実現したとき、それはどのような動作原理によるものなのだろうか。人間の知能はどのような仕組みだと理解されるのだろうか。自分が見ているこの世界やこの認識は、はたして何らかの方法で説明可能なのだろうか。自分が見ている以外の世界や認識は存在するのだろうか。自らの理解の方法が、自らの理解の限界をどのように規定しているのだろうか。まだ見ぬ人工知能は、それを簡単に打ち破り、さも当たり前のように、われわれにその事実を語りかけるのだろうか。

こうした謎に、自分はいつかたどり着くことができるのだろうか。いつか、本書の続きを書くことのできる日が来るのだろうか。そうなることを願っているし、そうなるためにきっと努力を続けるのだろう。

まだ見ぬ人工知能に思いを馳せて。

松尾 豊 Yutaka Matsuo

東京大学大学院工学系研究科 准教授
1997年、東京大学工学部電子情報工学科卒業。2002年、同大学院博士課程修了。博士（工学）。同年より産業技術総合研究所研究員。2005年よりスタンフォード大学客員研究員。2007年より現職。シンガポール国立大学客員准教授、株式会社経営共創基盤（IGPI）顧問。専門分野は、人工知能、ウェブマイニング、ビッグデータ分析。
人工知能学会からは論文賞（2002年）、創立20周年記念事業賞（2006年）、現場イノベーション賞（2011年）、功労賞（2013年）の各賞を受賞。人工知能学会 学生編集委員、編集委員を経て、2010年から副編集委員長、2012年から編集委員長・理事。2014年より倫理委員長。日本トップクラスの人工知能研究者の一人。
共著書に『東大准教授に教わる「人工知能って、そんなことまでできるんですか？」』（KADOKAWA）がある。

角川EPUB選書 021

人《じん》工《こう》知《ち》能《のう》は人《にん》間《げん》を超《こ》えるか

ディープラーニングの先《さき》にあるもの

松《まつ》尾《お》 豊《ゆたか》

2015年 3 月10日 初版発行
2017年 7 月25日 第20刷発行

発行者 川金正法
発 行 株式会社KADOKAWA
〒102-8177
東京都千代田区富士見 2-13-3
電話・カスタマーサポート 03-3238-8521
http://www.kadokawa.co.jp/
ＤＴＰ ニッタプリントサービス
印 刷 暁印刷
製 本 BBC
装 丁 ムシカゴグラフィクス

ISBN978-4-04-080020-2 C0050

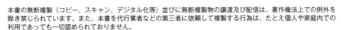